天下文化
BELIEVE IN READING

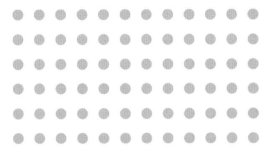

SCRUM

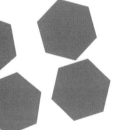

用一半的時間
做**兩倍**的事

The Art of Doing Twice the Work in Half the Time

JEFF SUTHERLAND　　傑夫・薩瑟蘭
J. J. SUTHERLAND　　J. J. 薩瑟蘭 著

江裕真──譯

SCRUM The Art of Doing Twice the Work in Half the Time

CONTENTS 目次

前言

為何要談 Scrum？

我在二十年前和肯・施瓦布（Ken Schwaber）一起開發 Scrum，當時的用意是要為科技業設想一套更快速、更可靠、更有效的軟體開發手法。從那時候直到至少 2005 年，大多數的軟體開發專案都還是採用瀑布法（見本書第 14 頁），專案分成多個階段完成，一個又一個階段發展出準備釋出給顧客或軟體使用者的終極版。那樣的流程很緩慢，也無法預知成果，而且往往會做出使用者並不想要或不願付費購買的產品。進度延遲幾個月或幾年是家常便飯。這種事前先把每一步都規劃好的計畫，會把所有細節都畫成甘特圖，也讓管理高層相信開發的過程完全在掌控中，但結果往往是進度很快就開始落後，而且預算嚴重超支。

為了免除這些缺失，我在 1993 年想出一種做事的新方法：Scrum。它徹底改變過去那種由上而下、規範式的專案管理手法。相較之下，Scrum 可說是一種具備進化能力、有彈性、還能自我修正的制度。自問世以來，Scrum 架構已經

成為科技業發展新軟體與新產品的一種方式。不過，Scrum
固然在矽谷已經有管理軟硬體專案方面的口碑，但在一般商
業應用上有何潛能仍是未知數。就是因為這樣，我才會撰寫
這本書，為科技業以外的企業介紹 Scrum 這套管理系統。

　　我在書中會提及，Scrum 源自於豐田生產系統（Toyota
Production System），以及空戰的 OODA 循環。我會介紹我
們如何把小團隊當成專案運作的核心，還有為何它能發揮這
麼高的作業效率，也會說明我們如何安排專案的優先順序；
如何設定為期一週至一個月的「衝刺」（Sprint），以維持動
能並讓團隊的每個成員承擔應有的責任；如何進行簡短的每
日立會（Daily Stand-up meeting）來追蹤已完成事項；以及
在所難免會突然出現的各種挑戰。

　　我也會談到 Scrum 如何結合「持續改善」與「最低限度
可行產品」的概念，藉以從顧客那裡獲取即時的回饋意見，
而不是等到產品完成後才做這件事。你會在接下來的內容中
看到，從開發價格實惠、每加侖汽油能跑一百哩的車子，到
協助美國聯邦調查局建立 21 世紀的資料庫系統，任何東西
都可以用 Scrum 打造。

　　請繼續閱讀，我想你會看到 Scrum 可望協助貴公司在工
作、開發、規劃及思考等層面轉換為新方式。我深信 Scrum

幾乎能在任何產業中促成企業革新運作機制，正如Scrum已經為眾多新公司的創新與產品上市速度帶來革命性的改變，也促成矽谷及科技世界裡諸多新產品的問世。

——傑夫‧薩瑟蘭博士

第 **1** 章

世界的運作法則
已瓦解

傑夫・強生（Jeff Johnson）很確定那天不會太好過。2010年3月3日，FBI中止局裡一個最大宗也最有企圖心的現代化專案。這個專案原本預期能夠發揮預防另一次九一一事件的效用，但是它卻演變成史上最大的軟體災難。FBI花費近十年的時間試圖更新局裡的電腦系統，但是專案看起來即將「再次」失敗。而這次的過失要算在他的頭上。

　　強生在七個月前來到FBI，延攬他的是之前曾在雷曼兄弟共事過的FBI新任資訊長查德・富格漢（Chad Fulgham）。強生在雷曼兄弟時擔任資訊科技工程部副主任，他當時的辦公室位於華盛頓特區下城的胡佛大樓頂樓，空間很寬敞，甚至可以看到華盛頓紀念碑。

　　當時強生從未想到，自己在接下來兩年裡，竟然要在煤渣磚建築裡一個沒有窗戶的地下室工作，還得把人人都認為不可能完成的某樣東西搞定。

　　「那是一個痛苦的決定。」強生如此表示。他和主管討論後，決定宣告某項耗費近十年光陰與數百萬美元資金的系統開發失敗，即刻中止開發。在那個當下，把系統收回內部自行開發是比較聰明的決定。「但我們還是必須把它開發出來，而且成品要具有足夠的水準。」

　　該專案是要開發出一個大家引頸期盼已久的電腦系

統，讓它帶領FBI進入現代。在2010年那個臉書、推特、亞馬遜與谷歌當道的時期，FBI大多數的報告卻都還在使用紙本歸檔。局裡長久使用的系統稱為「自動化案件支援」（Automated Case Support）系統，架設於1980年代曾經走在時代尖端的大型主機上。但是，很多幹員現在根本不用這套系統，因為在這個充斥著恐怖攻擊、罪犯行事敏捷的時代裡，它實在太笨重又太遲緩。

　　當一位FBI幹員要做某件事時——真的是每件事，舉凡為了追捕恐怖份子而向線民買消息，或是把一份關於銀行搶匪的報告歸檔，必須歷經的流程和三十年前相比，並沒有太大的不同。強生是這麼描述的：「你得在文書處理軟體中打好內容，然後列印出三份。第一份是要請上級層層核可的；第二份是要存放起來，以防第一份遺失的；第三份你得拿一枝紅筆——我沒開玩笑，真的是紅筆，圈出關鍵字，輸入資料庫中，因為你得為自己的報告做索引。」

　　上級核可請求後，書面文件會從樓上回到樓下，上面還會多出一個編號。這個寫在紙上的編號，就是FBI一直用來管理所有檔案的依據。這種管理方式實在太過時又鬆散，過去就曾備受詬病：FBI明明早在九一一事件前幾個星期就已得知，有多名蓋達組織的激進份子進入美國，卻未能把種

種跡象的關聯性加以串連，有人認為部分的原因就出在檔案系統上。當時FBI的某單位對某個目標起疑，另一個單位對於有這麼多可疑的外國人在接受飛行訓練感到事有蹊蹺，還有一個單位則是把某蓋達成員列入監視名單，卻從未通知其他單位。在FBI內部，沒有人把這些事情全部拼湊在一起。

有待進化的資訊系統

九一一委員會在恐怖攻擊後深入追查，也試圖找出事情發生的關鍵原因。該委員會指出，負責分析情報的人員未能取得一些原本應該要分析的情報。「FBI的資訊系統效能不彰，」報告中寫道，「這意謂著情報分析人員多半得仰賴與工作部門或工作小組成員間的私交，才能從存放情報的單位取得情報。」

在九一一事件前，FBI從未針對美國所受到的恐怖主義威脅做過完整的評估。原因有很多，包括大家只關心升官，以及彼此之間欠缺資訊的分享。但九一一委員會的報告中特別指出，尖端資訊技術的缺乏，或許是FBI在九一一之前的那段日子裡嚴重失能的關鍵原因。「FBI的資訊系統效能極為不足，」這是該委員會的結論：「FBI缺乏知道自己欠缺

什麼的能力：內部缺少一個能吸收或分享組織知識的有效機制。」

當參議員們開始質詢FBI一些難堪的問題時，FBI基本上都會回答：「別擔心，我們已經有一個正在進行中的現代化計畫了。」該計畫要發展的是一套名為「虛擬案件檔案」（Virtual Case File, VCF）的系統，照理說這應該可以讓一切改觀。FBI的官員很懂得利用每一次面臨的危機，他們向參議院表示，該計畫除了原本已撥款的1億美元經費以外，只需要再追加7,000萬美元經費就夠了。假如你回頭去找當時媒體對VCF系統的報導，你會發現內文大量使用諸如「革命性的」與「轉型」之類的字眼。

三年後，計畫終止了，因為根本不管用，連一絲一毫的效果都沒有。FBI已經花費納稅人1.7億美元的辛苦錢，買到的卻是一個永遠不會有人使用的電腦系統——沒有任何一行程式碼、應用程式派得上用場，也不會有任何的滑鼠點擊。整個計畫根本是一場全然的災難。而且這件事並非只是IBM或微軟的產品出錯那種等級的問題，而是不折不扣地置民眾的人身安全於危險之中。

正如時任參議院司法委員會主席的民主黨佛蒙特州參議員派翠克‧萊西（Patrick Leahy）當時告訴《華盛頓郵

報》（*Washington Post*）的話：

> 九一一發生前，我們握有得以阻止它發生的資訊。這些資訊就擺在那裡，卻沒有人採取行動⋯⋯我還沒看到他們改正問題⋯⋯我們可能得等到22世紀才能取得21世紀的技術。[1]

這些話其實透露出，當VCF系統的災難發生時，很多過去服務於FBI的人都已經不在FBI了。

2005年，FBI展開名為「哨兵」（Sentinel）的新計畫。這次一定要管用，這次一定要用對預防措施，一定要跑對預算流程，一定要做好控管。畢竟FBI已經得到教訓。哨兵計畫造價多少？只要4.51億美元，而且2009年就能全面上線。

這下子不可能出錯了吧？2010年3月，答案在強生的辦公桌上揭曉。受雇建置哨兵系統的承包商洛克希德馬丁（Lockheed Martin）已經用掉4.05億美元的經費，卻只完成一半的工作，而且這時候的進度還落後了一年。一項獨立分析預估，這個專案可能還要六年到八年才能完成，而且納稅人為此至少必須再花3.5億美元。

強生的難題在於，他必須設法解決這樣的狀況。

到底哪裡出了差錯，以及強生如何解決問題，正是我之所以要寫這本書的原因。原因不在於這些人不夠聰明，也不在於FBI所託非人，甚至不是選錯技術的問題。問題無關乎職業道德，或是缺乏外來的競爭刺激。

原因在於大家工作的方式不對，大多數人都用錯了工作方法。我們都以為工作應該要那樣完成，只因為別人教我們的就是那一套。

乍聽之下，你會覺得那套工作方法很有道理：洛克希德馬丁的成員在投標前先開會檢視系統需求，而後開始著手規劃如何打造出一個滿足所有需求的系統。他們會交由公司內部的大量人才處理，花費幾個月的時間整理出必須完成的事項。接著，他們會再花幾個月的時間規劃如何完成。他們會畫出許多美觀的圖表、解說每件必須完成的工作，以及每件工作所需的時間。然後他們會小心挑選顏色，把計畫的每一個部分以層層相接的形式呈現出來，看起來就像一道傾瀉而下的瀑布。

美觀但不實用的甘特圖

這類圖表叫做甘特圖（Gantt chart），因為它是由亨

瀑布法

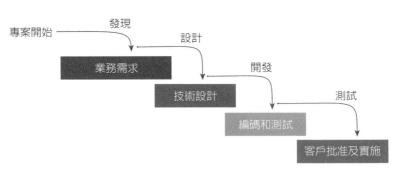

利·甘特（Henry Gantt）所發明的。1980年代，個人電腦的問世讓大家能很容易就畫出這種複雜的圖表，但是也讓圖表變得極其複雜，甘特圖於是成為一種藝術品。專案中的每一個階段都巨細靡遺地設定好了，包括每一個里程碑、每一個交件日期在內。這些圖表看了真的會讓人留下深刻的印象，但唯一的問題卻在於它們往往是錯的。

甘特大約在1910年發明這種知名圖表，最早使用甘特圖的是第一次世界大戰時擔任陸軍軍械部部長的威廉·克茨爾（William Crozier）將軍。任何研究過第一次世界大戰的人都知道，有效的組織能力在那次大戰中實在稱不上是什麼突出的特質。我一直都很納悶，為什麼甘特圖這種一次世界大戰時的玩意兒會變成21世紀專案管理中的既定標準工

具。我們現在已經不再打壕溝戰，但是當年用於規劃壕溝戰的思維到現在卻依然流行。

這樣的誘惑真的很難抵擋：在一項龐大的專案中，所有必須完成的工作全都一一攤在每個人的眼前提供檢視。我拜訪的許多企業，都設有專人負責每天更新甘特圖。問題在於，這份製作精美的計畫一碰到現實，馬上就會瓦解。但是管理者非但沒有廢止計畫或摒棄自己對計畫的想法，反倒還找人弄得一副計畫很管用的樣子。基本上，他們這樣等於是付錢請別人來騙自己。

這種糟糕的模式，和1980年代前蘇聯政治局在蘇聯全面垮台前收到的報告如出一轍，完全就是海市蜃樓。現在和當時一樣，這些報告的重要性竟然凌駕於報告所描述的事實本身，而且當兩者出現落差時，反而還會否認事實，圖表反倒變成對的。

當我還是西點軍校學生時，曾經睡過美國前總統艾森豪當年也睡過的寢室。夜裡，壁爐上的金屬板反射出街燈的亮光，有時候會讓我因而醒來。板子上寫著：「艾森豪曾在這裡睡過」，這時我會想起艾森豪曾說過，為戰爭擬定計畫固然重要，但是等到開了第一槍後，計畫就化為烏有了。至少他很有見地的沒有使用甘特圖。

所以，當洛克希德馬丁向FBI提出那些精緻的圖表時，FBI就簽約同意了。試想：都已經規劃得這麼詳盡，應該不會再出什麼差錯了。「你看，所有事項都已經列在這份全彩繪製、標示出時間、繪製出長條圖的計畫裡了。」

　　但是，2010年春天，當強生與主管資訊長富格漢查看計畫時，他們終於真正知道甘特圖是做什麼用的，也終於明瞭這些圖表的用途純屬模擬虛構。他們開始查看實際開發狀況與成果後，意識到問題根本無法解決，程式設計師在軟體中找出新缺陷的速度，還比修復舊缺陷的速度來得快。

　　富格漢告訴司法部監察長，只要收回來自行開發、減少開發人員的人數，就能完成「哨兵」專案，但這麼做等於是必須在剩下不到五分之一的時間裡、在不到原本十分之一的預算下，完成專案所剩最富挑戰性的一半。監察長向國會呈交的報告一向都很直截了當，在這次的報告中也感覺得出他對富格漢的說法抱持懷疑。在2010年10月的報告中，監察長手下的監察人員針對富格漢的提案列出九項關切事項後，最後做出的結論是：「總之，我們頗為關切，也懷疑他們是否真的有能力按照新提案的預算與時限完成『哨兵』專案，並且提供近似的功能……」[2]

Scrum：專案管理新思維

　　這裡談論的新思維叫做Scrum，是我在二十多年前發明的，而現在它是唯一一種已證明能拯救這類專案的方法。做事有兩種方式：老派的「瀑布法」，浪費數億美元，卻毫無成果；但是另一種新手法，卻能以較少的人力，在較短的時間裡，以較低的成本，創造出更多的成果，而且品質也更好。我知道這聽起來好到不像是真的，但成果就是證明，它真的管用。

　　二十年前，我極度渴望找到一種處理工作的新思維。經過大量的研究與實驗、檢視過去的數據後，我體認到大家在努力完成事情時，需要一套新的方法來管理過程。它不是來自什麼艱深的新學問，而是大家以前都談論過的東西。有一些研究曾回溯到二次世界大戰時，找出一些比現在出色的做事方式。但是基於某些原因，從來沒人把不同片段的發現加以組合。過去二十年來，我一直努力地做這件事，如今這套方法論已經在我所應用的第一個領域 —— 軟體開發中普及。在諸如谷歌、亞馬遜與Salesforce.com等業界巨人中，以及你尚未耳聞的新創小公司裡，這套架構已徹底改變大家

完成工作的方式。

　　它為什麼管用，原因很簡單，因為我看的是人們實際上如何做事，而非他們自稱如何做事。我觀看幾十年來的相關研究，以及全球企業的最佳實務做法，也深入了解這些企業內部的最佳團隊如何運作。是什麼讓出色的企業勝過別人？又是什麼讓他們與眾不同？為何有些團隊的成果輝煌，有些卻差強人意？

　　我稱這種能讓團隊創造成果的架構為「Scrum」，並且會在未來幾章裡交代原因。這個名詞來自於橄欖球中的「爭球」，指的是全隊通力合作把球往後場傳的一種方式。這必須結合細膩的團隊合作、一致的意念，以及明確的目標才能做到，用來比喻我對團隊的要求再適切不過了。

　　傳統上，管理團隊對於任何專案都會要求兩個條件：控制和可預測性。這會帶來為數眾多的文件與圖表，就像洛克希德馬丁一樣，會花好幾個月的時間規劃所有細節，以確保沒有任何錯誤，沒有任何成本超支，而每件事也都能按照時程完成。

　　問題在於，這樣的美好情節從未真正發生。所有用於規劃的心力、用於限制變化與釐清未知事項的努力全部都是白費。每個專案一定都會出現許多的問題，冒出許多新想

法。試圖把任何規模的人類行為限制在全彩圖表裡,不但愚蠢,而且注定會一敗塗地。人不是這樣做事的,專案不是這樣進展的,想法也不是這樣落實的,美好的成果更不是這樣創造的。

這麼做只會讓人因為再怎麼努力也無法實現目標而感到挫敗。專案延遲、超出預算,或是在很多例子中可以看到的,專案不幸以失敗收場。設計與形塑新事物的創造性工作尤其如此。大多時候,管理團隊都要等到已經投入數百萬美元與數千小時卻白忙一場後,才會得知那是一條愈飛愈低、通往失敗的路徑。

透過Scrum可以發現,做一件事要花費的時間太久、心力太多,在在凸顯出人類實在不善於估算完成一件事需要的時間與心力。法國沙特爾大教堂花費五十七年的時間才蓋好。我猜專案一開始時,石匠恐怕是看著主教這麼說的:「頂多蓋二十五年,很有可能十五年就會蓋好了。」這麼猜想應該並不為過。

Scrum把不確定性與創造性都納入考量。它的結構是隨著學習過程而建立的,團隊可藉以評估既有的成果,也評估創造出成果的手法,而這兩者其實同樣重要。Scrum架構會控管團隊的實際工作方式,並提供自我組織、快速改善工作

速度與品質的工具。

　　Scrum最根本的想法很簡單：在展開一項專案時，何不經常審視它，看看正在處理的事是否朝著正確方向進行？它是不是大家真正想要的？同時檢視是否能改善目前正在採用的行事手法，如何做得更好又更快，以及可能會成為阻礙的因素。

　　這個循環稱為「檢驗與調整」（Inspect and Adapt）。每隔一陣子就要暫停手邊工作，檢驗既有成果，看看它是否仍是你該做的，也看看有沒有更好的方法。這看似容易，但是要付諸執行，就必須要有想法，要有自省能力，還要誠懇並遵守紀律。我之所以會撰寫這本書，就是要教你們怎麼做。除了軟體業者以外，我還看過Scrum成功應用在許多地方，像是生產汽車、經營乾洗店、教室授課、製造火箭太空船、規劃婚禮，乃至於我的妻子曾經試過的，用以確認丈夫每週末把她要求的「甜心交辦事項」清單裡的事都做好了。

　　Scrum的最終成果是大幅提升生產力的團隊，或者你也可以把它當成是刻意促成的目標。過去二十年來，我一而再、再而三地打造出這樣的團隊。我曾是十多家企業的執行長、技術長或工程主管，我待過只有幾名員工擠在一間辦公室裡的新創小公司，也待過據點遍及全球的大企業，還有另

外數百家則是接受我的諮詢和指導。

　　Scrum的成果可說相當引人注目，如顧能（Gartner）、佛瑞斯特研究公司（Forrester Research）與Standish Group等大型研究分析機構都認為，老派的工作方法已經過時了。「命令－控制」的管理手法已經確定不管用，企業如果還抱著它不放，仍堅持要求高度可預測性，恐怕注定要輸給採用Scrum的競爭對手，因為兩者間有如天壤之別。誠如我擔任顧問的波士頓OpenView Venture Partners等多家創投業者都認為，Scrum帶來的競爭優勢大到不容你不用它。這些業者可不講什麼人情味，他們是目光銳利的投資者。他們很乾脆地表示：「Scrum的成果不容爭辯。企業只有兩種選擇：不改變，就等死。」

搶救FBI「哨兵」大作戰

　　回到FBI，「哨兵」團隊面臨的第一個問題是合約，每一項改變最後都會涉及與洛克希德馬丁間的合約協商。因此，強生與富格漢花費數個月的時間搞定合約、改為由內部自行開發，並把幕僚人員從數百人砍到五十人以下，核心團隊的人數甚至更少。

第一週，他們和其他處於相同狀況中的人做了同樣的事：把所有需求文件都列印出來。如果你沒看過在大型專案中列印需求文件的景象，我敢說足足得印上好幾萬頁，我還看過堆起來有好幾呎高的。我在太多的專案中都看過這種狀況──大家都是剪剪貼貼，複製到固定版型中，但是卻沒有人真正讀過這些多達數千頁的文件，因為根本讀不完，重點就在這裡，這套制度等於是在強迫自己為想像背書。

　　「有1,100項需求，堆起來大概幾吋厚。」強生道。光是想到這些文件，我就同情起那些可能花費人生中好幾個星期的時間、漫無目標建立這些文件的人。FBI與洛克希德馬丁並不是特例，幾乎我共事過的每一家公司都有相同的狀況。這種徒勞無功之事的存在，正是Scrum能為人帶來如此顯著改變的原因之一。沒有人應該把生命耗費在無意義的作業上。企業這麼做非但不聰明，還扼殺了心靈。

　　他們列印出需求文件後，就打算開始安排每項需求的優先順序。這個動作極為重要，但是做起來卻不如想像中容易。每個人都會說自己的事最重要，然而他們必須捫心自問（也是「哨兵」團隊當時詢問的問題）：滿足哪項需求能為專案帶來最多價值？這些需求就要優先滿足。軟體開發有條法則，這是從數十年的研究中發現的；任何軟體都有80%

的價值是來自於20%的功能。請你想想：你上回在微軟的Word中用到「Visual Basic編輯器」這個功能是什麼時候的事？你可能根本不知道什麼是Visual Basic，更別說你為什麼要用它了。然而，這項功能就是存在，也確實有人花費時間開發出來，但是我可以保證這項功能為Word增加的價值並不多。

要求他們按照價值高低排列優先順序，可以迫使他們先完成最有價值的20%部分。等到他們完成時，往往可以發現剩下的80%似乎並不是真的需要，或是也可能會發現，有些在一開始看來重要的東西，其實並不重要。

對「哨兵」團隊而言，再來的問題變成：「好了，我們在做的是一個重要到已經浪費好幾億美元的龐大專案，那麼何時能完工？」在思考過後，他們答應在2011年秋天交件。監察長在2010年秋季報告中，用一副難以置信的口氣敘述道：

　　FBI表示，將採用一種「敏捷方法論」完成「哨兵」的開發，所需要的人員，無論是來自FBI與洛克希德馬丁，以及供應主要現成軟體元件的公司，都比原本來得少。整體來說，FBI預計把

「哨兵」專案的約聘員工人數從大約二百二十人減到四十人。FBI表示,他們同時要把指派到該專案中的人力從三十人減為十二人……FBI告訴我們,該單位相信,專案可利用「哨兵」既有預算中剩餘的2,000萬美元完成,所需的時間是在採用此新方法後的十二個月內。[3]

報告中所用的詞彙「敏捷方法論」恰恰顯示出監察長對於Scrum所知不多。「敏捷」一詞要回溯到2001年的一場祕密會議,當時我和另外十六位軟體開發的領導人物共同擬定後來大家所知道的「敏捷軟體開發宣言」（Agile Manifesto）。宣言中明白指出以下幾種價值:人比流程重要;產品實際管用比在文件中列出產品應有規格重要;與顧客合作比和顧客談判重要;因應變化比遵循計畫重要。Scrum是一個我用來落實這幾項價值的架構,並沒有什麼方法論。

摸著石頭過河

當然,強生的「十二個月完工」承諾有些誤導,因為事實上他們並不知道答案,也不可能知道這些團隊事實上要

做多久。而這也是我經常告訴企業高階主管的話：「我得看到團隊的進步幅度，才能知道完工時間，才能知道他們能做得多快，才能知道他們能提高多少速度。」

當然，還有另一件事也很重要，就是團隊成員必須找出阻礙自己加快工作速度的因素。就像強生所說的：「由我負責移除阻礙。」所謂的「阻礙」，概念是來自於豐田汽車（Toyota）；該公司所建立的許多想法，後來都成為構思Scrum的基礎。如果再講得精準一點，源頭就是大野耐一發明的「豐田生產系統」。

我不會在這裡解釋所有的細節，但是大野耐一所提出的其中一項關鍵概念是「流程」，意思是生產流程應該流暢而平順；他也表示，管理團隊的重要任務之一在於找出流程中的阻礙，並且予以排除。任何擋在路中央的東西都會造成浪費。大野耐一在他的經典著作《豐田生產方式：追求超脫規模的經營》（The Toyota Production System）中，評定「浪費」的道德價值及商業價值：

> 我這麼說並不誇張：在低成長時期，這樣的浪費不但是商業損失，更是社會犯罪。排除浪費必須是企業的首要目標。[4]

大野耐一談及在生產過程中有多種可能出現的浪費與阻礙。想要讓Scrum真正發揮功能，高階管理團隊中必須有人發自內心地把阻礙視為近乎罪犯。

　　我會在稍後教你如何去除浪費，現在你只要知道一件事就好：去除浪費的成效恢宏，只是人並不會這麼做，因為這需要真誠地面對自己與別人。

　　而強生知道這是他的工作。

　　「哨兵」團隊花費約三個月的時間，才找出該專案實際需要多久時間完成。原因為何？這得回到我前面提到的「檢驗與調整」循環。要想讓Scrum發揮功用，就必須制定出依序在某段時間內完成的多個目標。

　　以FBI的例子來說，他們以每兩週為一個循環，每個循環結束時都必須多完成產品的一部分。這意謂著開發人員每次都必須做出一些東西，好展示給那些想要關切目前成果的人，也就是專案的利害關係人觀看，同時如果也能展示給未來實際會使用這樣東西的使用者看看會更好。

　　這種做法可以讓開發團隊近乎即時獲得關於工作成果的意見回饋。根據在循環中得到的資訊，目前的案子是否正朝著正確的方向發展？開發人員接下來正要準備做的是否確實是他們該做的事？

規劃「衝刺」

在Scrum當中，我們稱這些循環為「衝刺」。在每個循環的一開始，都會有一場規劃衝刺內容的會議。團隊要在會中決定，他們在未來兩個星期裡能完成多少工作。他們會從已排好優先順序的待辦事項中領走這些工作項目，通常是寫在便利貼上，然後貼到牆上。團隊必須決定在這些工作項目中，他們在未來兩個星期內可以完成多少。

當一次衝刺結束時，團隊成員就要開一次會，展現出在這段大家一起合作的時間裡完成什麼工作。他們要檢視有多少個便利貼上的工作項目已經完成？自己是不是在這一段的衝刺中列出太多工作項目，卻沒有全部做完？或者工作項目是不是列得還不夠？這部分的重要之處在於，大家對於自己能多快做好事情，也就是速度，開始有了基本體認。

在他們展現出當下成果時（大野耐一的想法就在此刻發揮作用），他們不只討論過去這段時間做了什麼，也會提出問題：「我們如何在下一次的衝刺中更妥善合作？在上一次衝刺中曾出現什麼阻礙？拖慢工作速度的阻礙又是什麼？」關於Scrum如何運作，附錄有更多的細節描述。

而這就是為何強生需要幾個月才能真正辨別出專案要

耗費多久的時間才能完成。他希望能透過多次衝刺來評估每個團隊的工作速度，也看看能改善多少、能比原本快上多少。一旦他得知各團隊在各衝刺中完成的工作項目，而後比對在專案結束前仍待完成的工作項目，就能預估完工日期。

除了明瞭各團隊的進展速度以外，他也想知道有哪些阻礙在拖慢速度。他真正的用意在於提升速度以加快產出，但不是藉由更長的工時（稍後我會討論為何此舉將會徒勞無功，最後只會拖慢進度），而是藉由更好、更聰明的工作方式來實現。強生表示，團隊的生產力成長為三倍。大家上軌道後，速度就變成開始時的三倍。因為他們的合作默契變好了，最重要的地方在於，他們已得知拖累速度的因素，也會在每個循環、每次衝刺中努力地予以排除。

最後，「哨兵」專案花費十八個月的時間寫出資料庫系統，又花費兩個月的時間建置到整個FBI中。「時間壓力極大，」某次強生靜下心來接受訪問時表示：「你得知道，系統包辦FBI的每件事，包括付款給線民、儲存證據、儲存案子及日程表，而現在這些全部都彙整在『哨兵』裡。」

依強生之見，Scrum最有成效的部分是什麼？「展示成果。大家會努力定期做出足供展示的成果。」每隔兩個星

期,「哨兵」團隊就會展示成果,而且這場展示不是只做給自己看而已,而是把既有的成果交由未來會使用該系統的人實際操作。每個參與該專案的成員都找幾個人來,就快把會議室塞滿了。會議現場有紀錄、情報、特務、監察長辦公室的人,以及來自其他政府單位的代表。FBI的局長與副局長,乃至於代理監察長本人,也經常會到場。要把這群人找來並不簡單。

而這就是Scrum管用的地方了,強生道:「Scrum關心的不是開發人員,而是顧客與利害關係人。它真的是一個組織性的變革,把實際成果展示出來是最有效用的部分。」

展示成果真的幫助很大,因為講得委婉一點,人對於他們所報告的進度有些懷疑,他們無法相信「哨兵」的完工進度會愈來愈快。「那時我告訴國會,只要5%的預算,在二十個月內我們就能完成洛克希德馬丁用了90%的預算、花費十年還做不出來的東西,」強生道:「房裡充斥著懷疑的氛圍。我們必須向司法部副部長呈交報告。雖然我們的狀態一切公開透明,但是旁觀者仍會猜想背後有什麼見不得人的事在進行。類似這樣的跡象,他們過去看多了,只是當時的報告並沒有我們來得詳盡,而且私底下確實也有別的事發生。」

這樣的懷疑氛圍也感染到FBI的其他地方，內部瀰漫著一股「地下室那群傢伙這回又要搞砸了」的想法。他們覺得這一定是個最後終將失敗的暫時性系統，大家到時候還是得回頭用紙張才能處理。

強生以前還是安那波里斯海軍官校的學生時，必須背誦前美國總統老羅斯福於1910年在巴黎索邦大學的演說「民主國家的公民權利」（Citizenship in a Republic）。強生把其中一段經常被引用的文章告訴他的團隊：

> 榮耀並不屬於批評的人；亦不屬於指出勇者如何失敗，或點出別人哪裡應該做得更好的人。榮耀屬於實際身處在競技場中、臉上沾滿塵土與血汗，仍英勇奮戰的勇者；他們會犯錯，而且一錯再錯，因為錯誤與缺失必會伴隨著努力而來；但是他們都確切地知道要奮戰不懈、知道要充滿熱誠、全心投入；獻身於崇高的志業。他們最好的結局是終於功成名就；就算失敗，最差的下場只不過就是在勇敢奮戰後落敗。他們的定位，絕非那些冷漠懦弱、不知勝利與失敗為何物的人所能相提並論。[5]

「哨兵」成功上線

強生的團隊在精確估算完工速度與困難度後，實際進度確實比當時向國會承諾的慢了一些。在2012年7月，「哨兵」終於上線了。他們終究必須讓大家使用這套系統，不能再拖延。

「這種事不時會發生。洛杉磯某個犯罪檔案或反恐檔案中的一件事，可能就和芝加哥的另一件事產生關聯，」強生道：「我們不能坐失良機。在任何時點下，我們都必須維持狀況的清楚與明確。」

而且狀況還必須清楚明確到在法庭上站得住腳。「哨兵」中的資料會被用來起訴某人，因此在完整性上必須禁得起一絲一毫的懷疑。

系統在第一天上線時，強生的心情狂亂，非常緊張。他走進自己的辦公室，打開「哨兵」。系統開啟了，這是好現象。接著他試著使用電子簽名批准一份文件 —— 這是數萬名FBI員工每天最基本的例行工作。畫面上出現錯誤訊息，他無法批准。強生回憶當時的情形，他開始驚慌失措，腦海中閃過多種不同的災難想像。此時他仔細看了看錯誤代碼，才發現錯在哪裡，他根本沒把自己的證件插入驗證身分

的設備裡。插入卡片後，他點擊滑鼠，而後「哨兵」就順利運作了。

「哨兵」為FBI帶來莫大的效應，溝通與分享資訊的能力大幅提升。2013年1月，某家小企業的帳戶遭駭，尋求FBI的某個分局幫忙。在美國的銀行來得及攔截前，數百萬美元已經轉出到另一國。而在「哨兵」的協助下，本地分局與該國大使館的法務專員合作，通知該國當地的執法單位，在錢轉入銀行體系前及時阻擋。這些動作全都發生在幾個小時內，假如在過去那個一份文件得列印三份，還得用到紅筆的日子，根本不可能做到。抓到壞蛋與讓壞蛋得逞之間的差別懸殊。

目前FBI的「哨兵」團隊依然待在地下室，原本用於隔間的隔板都移開了，好讓大家能看到彼此。牆上張貼一份海報大小的文件，列出「敏捷」原則 —— 那是我也曾參與撰寫，現在窮盡一生在全球推動的理念。令人訝異的是，一進入這個沒有窗戶的房間，你就會看到一盆薰衣草在日光燈下欣欣向榮，而「薰衣草」正是「哨兵」原型的代號。

在Scrum社群裡有一則老笑話。一隻雞和一頭豬走在路上，雞說：「嘿！豬，我想我們應該來開一家餐廳。」

「要取什麼名字？」豬問道。

「就叫『火腿與蛋』如何？」

「不了，」豬說：「我得賣命，但你只是參與而已！」

Scrum的概念是，「豬」代表那些完全投身在專案中，並為成果負責的人；「雞」代表的則是被告知專案進度的利害關係人。在「哨兵」辦公室的牆上掛著一個豬型的鈴，每當它一響起，這些完成大家都說不可能完成的事的人，就知道又有人召喚自己了。還有另一個鈴是門鈴，但那是為雞準備的。

聰明的人組成愚蠢的組織

這個世界日趨複雜，我們的工作也以愈來愈快的速度複雜化。以車子為例，過去我時常在自己的愛車上做一些基本維修工作。三十年前，我可以自己修水箱。現在當我打開引擎蓋後，我看到的東西可能有如電腦內部一樣。事實上，我可能真的在做這樣的事，因為新款福特汽車的程式碼行數已經比臉書與推特加起來還多。要打造這麼複雜的東西，得耗費人龐大的心力。但是，當人經手複雜的創造性活動，不管是把火箭送上太空、設計更好的電燈開關，或是追捕罪犯，傳統的管理手法根本就不管用。

我們都知道這一點，無論從個人或社會角度來看都是如此。我們在漫畫《呆伯特》（*Dilbert*）或電影「上班一條蟲」（Office Space）等反烏托邦的虛構諷刺作品中，為自己的真實生活找到共鳴。我們回到家都曾告訴過伴侶或朋友，現代的企業「組織」就是那麼瘋狂。我們也都聽別人說過，把表格填對會比把工作做好來得重要，或是我們得為即將到來的會議先開個會前會。這太瘋狂了，但我們卻還是照做不誤，即便我們已承受過絕對且全面的失敗。

美國公民登入後可申請健保補助的網站Healthcare.gov就是一個好例子。它的前台做得很美觀，精巧又清楚，設計出色。這是以Scrum手法在三個月內做好的。但它的後台就是一個災難了，功能根本失靈，它原本應該發揮的功能是把國稅局資料庫和各州資料庫、保險公司資料庫，以及美國衛生與人群服務部串連起來。這是很複雜的作業，涉及在不同的瑣碎區域中作業的二十家承包商，而設計者卻全部以瀑布法規劃。他們只在最後幾天測試過網站，並未在過程中進行漸進式測試。

悲劇是每個人其實都沒有這麼愚蠢，為那些承包商工作的人並不蠢，不會笨到這麼做。但是問題在於，大家都說「這不歸我管」，都只完成自己的份內事後就置之不理了。

他們從未以使用者的角度來看看這個網站，只從自己的角度出發。原因就出在他們並未密切合作，沒有在相同的目標下結合在一起。反觀Scrum卻是把不同團隊凝聚在一起，創造出更美好的成果。這有賴於每個成員不只是看到最終目標，還要在通往目標的過程中漸進式地提出成果。在Healthcare.gov的專案中，沒有任何人扮演「堅持每種功能都要在建立後接受測試」的角色。不幸的是，類似該網站這樣的失敗其實很常見。

你聽說過多少的大規模專案花費數億美元後卻以失敗收場，而且原因不只是成本超支，也在於產出根本不管用？你可知道每年有多少斥資幾十億美元的計畫最後卻一事無成？你的人生中有多少光陰浪費在老闆和你早就知道創造不了價值的工作上？你可能就是那個把洞挖一挖後又把土埋回去的人，因為你耳濡目染，才會變得如此。

事情也可以不必這樣，真的不必。就算每個人都告訴你全世界都這樣處理，也不表示他們講的就是對的，肯定有另一種方法，一種不同的工作方法。

假如你不做這件事，你的工作會被外包出去，不然就是你的公司會倒閉。在21世紀的白熱化競爭世界裡，沒有空間讓你白費力氣與展現愚蠢。

更重要的一點是：要以最有生產力的方法做事。Scrum 之道並非只能運用在商業上。難道不能用這套方法來處理我們的物種正在面臨的問題，像是依賴石油、教育品質低劣、全球一些貧困地區缺乏乾淨水源的問題，或是犯罪猖獗等問題上嗎？難道不能用不同方法過生活、工作與解決問題嗎？難道不能當成一種我們能實際改變世界的方法嗎？答案是可以的。有人正在利用 Scurm 解決我所提到的這些問題，而且已經創造出可觀的影響。

　　在本書裡，你會學到一些最棒的基本工作方式、得知為何我們極度不擅長預測，以及為何工作超時將會拖慢專案進度。我將會帶你一起認識多年來人們與多位科學家、多個組織努力完成的所有研究與構思的應用方式，以及 Scrum 如何結合一切，讓你明天就能派上用場。

　　我會告訴你怎麼做。不過，我想先談談我如何走到今天的故事。

本章重點摘要

擬定計畫是有用的，盲目跟隨計畫是愚蠢的。把眾多圖表全都畫出來的誘惑真的很難抵擋。這可以把一項龐大專案中所有必須完成的工作，全都一一攤在每個人的眼前提供檢視，問題是，詳細製作的計畫一碰到現實，馬上就會隨之瓦解。應該把對於變化、發現與新想法的假定，都內建於工作方法中。

檢驗與調整。每隔一陣子，就要暫停手邊的工作，檢驗既有成果，看看它是否仍是你該做的，也看看有沒有更好的方法可以採行。

不改變，就等死。對於老派的工作方法、「命令－控制」的管理手法，以及高度可預測性的堅持，只會導致失敗。同時，還可能會被採用 Scrum 的競爭對手拋在腦後。

快快失敗，才能速速改正。企業文化往往看重形式、程序及會議，而非短期內創造出可供使用者檢驗的可見價值。任何無法創造價值的工作都是愚行。把工作切割為多個較小的循環，可容許早期使用者提供回饋，開發人員也能即時免除明顯會白費的心力。

第 **2** 章

Scrum 的由來

對於被派到越南的美國戰鬥機飛行員來說，一輪班次意謂著要深入敵國領土執行一百次的飛行作戰任務。有50%的飛行員會被擊落，有些得以獲救，但大多數都未能平安返回。1967年，年輕的我是個初出茅蘆的戰鬥機飛行員，從位於愛達荷州的芒廷霍姆空軍基地（Mountain Home Air Force Base），被運送到位於泰國北部的烏隆皇家泰國空軍基地（Udorn Royal Thai Air Force Base），執行美國空軍當時最危險的任務之一：偵察。

空軍教我的事

當時距離利用掠奪者（Predator）無人偵察機執行偵察，或是可靠的衛星影像問世還久得很。我所駕駛的RF-4C幽靈偵察機會卸除所有武器，裝上相機和一個額外油箱。我的職責是要飛進敵軍陣地，讓同機的領航員能拍攝執行轟炸任務前後的照片。大多數的任務都在夜晚執行，我會在離地只有幾百呎處飛過熱帶的黑暗夜空，高度低到幾乎都要擦過樹梢了。在我飛越邊境進入北越時，機上的抬頭顯示器會像彈珠機一樣發亮，吵雜的飛彈警告系統會隨著一陣嗶嗶聲與鳴笛聲開啟。空中會因為高射炮射出的曳光彈而變得明亮，

於是我知道，在幾分鐘內，飛彈雷達很快就會鎖定我的軍機，除非五百呎的高度已經低到足以讓我藏身於地面雜波中而不會被偵測到。

在這些時刻，我的腎上腺素都會飆升，但是我從未失去冷靜，危險反倒總是讓我沉著。我想這得歸功於我在空軍受過的風險控管訓練，我在訓練中學到四件該做的事：**觀察（Observe）、導向（Orient）、決定（Decide）、行動（Act）**。具體而言，我會觀察目標區域，看好進入與退出熱區的最佳路徑，並在面對未知事件時釐清頭緒，接著就出於本能和直覺地果決行動。遲疑會讓飛行員喪命，但有勇無謀也會。一旦領航員拍好照片，我就會猛力把操縱桿往後拉，極力讓飛機向上攀升，遠離熱區，這時重力會讓我的視野縮小到只有針孔大小，而領航員也常常會因為重力而陷入昏迷，有時候還可能會腸失禁。但他從未抱怨過，因為我總是載著他平安返航。

那時我只是一個年輕的噴射機飛行員，只想在任務中存活，並不知道自己的飛行經驗，以及受過在生死交關時的思考與行動訓練，會形塑出我在之後人生中投入心力的方向。1967年，我跟著兩個中隊的F-4戰鬥機與兩個中隊的RF-4C偵察機來到越南，加起來一共有一百架飛機。RF-4C

偵察機取代兩個中隊的RF-101偵察機。一年內，在五十架RF-101中只有四架沒被擊落，而且剩下四架的機身還布滿彈孔，已經無法再飛行了。我不知道這些飛行員在最後一次出任務時是如何把飛機開回來的。即使RF-4C是適應性較強的戰鬥機，但一年內還是有一半遭到擊落。我們已經提升存活率，然而仍有一半和我一樣出任務的人沒有再回到基地，雖然有些人在成為戰俘前已經幸運地被人從叢林中救起。

癌細胞的啟發

從越戰中返國後，我到史丹佛大學攻讀統計學碩士學位，一有時間就待在史丹佛大學人工智慧實驗室裡。後來我在科羅拉多大學醫學院攻讀生物統計學博士，之後成為空軍學院的數學教授。我的指導教授約翰・拜拉（John Bailar）博士是醫學暨統計學最知名的研究學者之一。我請教他該研究什麼有用的主題，研究結果才不會在圖書館裡被束諸高閣，堆滿灰塵。他交給我三百份醫學期刊上有關癌症的文章，每一份都有多張癌症的統計圖表，但有的是人類，有的則是動物，而腫瘤的類型也各不相同。拜拉博士表示，如果我能解釋為何它們都不相同，他就會授予我博士學位。而我

辦到了，也順利取得學位。

　　我是怎麼做到的？我花費幾年的時間，努力找出細胞裡究竟發生什麼事才會變成癌細胞。我學到許多關於系統理論，以及系統為何只會存在某些穩定狀態的知識。一個細胞在演化時，會從一種穩定狀態進入另一種穩定狀態。我投入近十年的時間，研究一個複雜的調適系統從一種狀態進入另一種狀態的法則，以及應該如何讓它進入正面而非負面的新狀態。

　　幾年後，我發現組織、團隊及人都是複雜的調適系統。讓細胞從一種狀態轉為另一種狀態的因素，也會讓人從一種狀態進入另一種狀態。要改變細胞，首先你得把能量注入系統中。一開始會發生混亂，看起來似乎亂無章法，所有東西都在流動。當你對一個正在試圖改變的組織做這件事時，其成員往往會躁動不安，因為他們無法理解發生什麼事，也不知道該如何是好。但是，就和細胞一樣，組織在極快的速度下就會進入穩定的新狀態。唯一的問題在於，新狀態是否會比原本的狀態來得好。細胞現在是變成癌細胞或健康細胞？當時我很好奇，我們能否找出一些簡單的規則，引領團隊更有生產力、更快樂、更持久、更有樂趣，也更教人神往？接下來的十五年裡，我一直努力找答案。

◯ 一次特別的經驗

雷根總統主政時，政府大砍科學研究預算，包括國家癌症中心（National Cancer Centers）研究補助金，而我當時正是科羅拉多區域癌症中心（Colorado Regional Cancer Center）臨床實驗暨流行病學研究的資料蒐集與分析的計畫主持人。就在我思忖該做什麼時，一家名為中洲電腦服務（MidContinent Computer Services）的公司來找我，因為他們聽說我是他們最新技術領域中的頂尖專家。

當時中洲服務北美一百五十多家銀行，最熱門的新產品是他們所稱的「自動櫃員機」（Automatic Teller Machine, ATM）網路。那時是1983年，提領現金通常要到銀行排隊，或是開車經由銀行的得來速窗口領取。你得拿一張支票寫上你想要的金額，交給行員後再「兌現」。

ATM就是為此而生，但當時中洲公司的網路和其他網路之間無法順利連結。因此，他們需要一個對系統有想法的人來解決這個問題。他們提供優渥的報酬，請我擔任負責高階系統的副總裁。他們的網路電腦和我就讀博士班時好幾年都用來跑資料的那台電腦是一樣的，所以找我是找對人了。

那時我還覺得，這件差事真是再容易不過的，不是嗎？但當我進入該公司，迎接我的卻是一個採用瀑布法執行專案的部門。部門裡有數百名電腦程式設計師，整天坐在辦公桌前裝忙，卻無法在預算之內準時交差。該公司ATM的成本比營收還高出三成，這樣的無效率真教人驚訝。

　　剛開始我花費一些時間釐清事情的狀況。你可以想像管理高層是如何對待我的部下，現場經常可以聽見吼叫聲、太過瑣碎的管理，還有消極的反抗行為，以及要求員工要更認真工作、超時工作。但是無論管理階層如何施壓，專案時程依然落後、依然超支，也依然無法交出應有的成果。

公司裡的小公司

　　當時我判斷最好的選擇是徹底改變一切。團隊運作的情形已經糟到無法一點一點地修正，因此我決定在公司內部再設立一家公司。我請求執行長榮恩・哈利斯（Ron Harris）讓我成立另一個組織，把所有涉及ATM網路的人員都分派過去。新組織會有自己的業務團隊、行銷團隊及財務人員。哈利斯是一位很傑出、很有創造力的執行長，他非常信任我的專業。假如我是在別人的手下工作，搞不好永遠不可能會獲准這麼做。聽完我的想法後，他只說：「薩瑟蘭，

如果你想要讓自己頭痛，就儘管去吧！」

　　我依言照做。我去找開發人員與經理，告訴他們：「我們要做的第一件事，就是停止再做那些快把我們自己搞死的事。」就像那一則老笑話所說的，在你停止用自己的頭去撞磚牆（譯注：喻白費力氣）之前，你一直都覺得還滿舒服的。「我們得找出更好的工作方式，」我說：「並且要立刻著手進行。」

　　我們把這家小公司當作分成幾個小組的團隊來經營。獎金的發放並不是根據個人績效，而是看全公司的績效。我們想出一些在十年後都融入 Scrum 中的輔助工具，像是「產品負責人」（Product Owner）、「產品待辦事項清單」（Product Backlog）及每週衝刺，後續我會再詳細介紹。在六個月的時間裡，我們是全公司最賺錢的部門。營收比支出高三成，我們的 Nonstop Tandem 系統是銀行業者第一批採用的連線交易電腦，顯見業者對我們的信任。整個北美都有我們產品的蹤跡。現在，你不管走到美國的哪個地方，都會看到 ATM，它們精確地知道你有多少錢。這要大大歸功於我的團隊，是的，請不用客氣。

學習機器人的思考方式

　　我的第一段職涯在軍中，第二段在學術界，因此我發現自己是一個商業門外漢。然而，門外漢的觀點卻是我最有價值的資產。從第一天起，我就很納悶，為何人們都堅持以他們明知無效率、浪費心力、不人性而教人沮喪的方法做事，我猜想可能是因為他們認為大家都這樣做，才會覺得這一定是最佳方法。

　　我真的很享受在中洲的那段時光，但是當時我很想尋求一些新挑戰，來測試自己的技能。在接下來的二十年裡，我為許多大大小小的公司工作，擔任工程副總裁或技術長。在每份工作中，我的努力促成團隊用更有效能的方式合作。其中一家公司的辦公地點位於麻州劍橋市，距離麻省理工學院只有幾個街廓。當時有幾位博士與教授剛創辦一家開發機器人的新公司，但是因為在麻省理工學院的實驗室空間不夠，最後和我們公司分租辦公室。

　　我們公司搬進去幾個星期後，發生一件最出乎我意料的事：一個有六條腿、約莫貓咪般大小的機器人跑進我的辦公室，並且開始繞著辦公桌追著我跑。幾名機器人專家連忙

跑進來，緊張地向我道歉，但是每隔幾天這件事又會一再發生。其中一個機器人甚至跑出實驗室，開始在大樓裡四處跑，我還聽到走廊上傳來機器腿發出的聲響。

每週五下午，我經常會在辦公室準備紅酒與啤酒，好讓員工們在一週的辛苦工作後放鬆並社交一下。我也會找走廊那頭的機器人專家們一起同樂。某次，洛尼‧布魯克斯（Rodney Brooks）現身了。布魯克斯是麻省理工學院研究人工智慧的教授，也是這家機器人公司的創辦人之一。當時我詢問他這些四處走動的機器人是如何運作的。

「數十年來，我們一直在努力開發一種真正擁有聰明思維的機器，」他告訴我：「我們花費幾十億美元與無數年的研究，開發出最龐大的電腦，擁有最大的資料庫，但我們得到的只是一台足以在西洋棋上打敗人類的電腦。」

布魯克斯解說道：他的機器人是採用截然不同的開發方式。他們並未開發出只有一個頭腦中樞的機器人，而是在六條腿上都各有一個頭腦的機器人。裝設於脊柱上的處理器內建幾個簡單的規則：前進、後退、不要撞到其他的腿。神經網路晶片設置在機器人的頭部，機器人知道這些規則，也充當其他部位的協調者。當機器人撞上什麼障礙時，它會告訴每一條腿，自己透過相機看到什麼，大致是這樣。

有趣的是，布魯克斯表示，每次在啟動機器人時，它都是重新學習走路。它並未內建關於房間內每樣東西的資料庫，整個世界反倒都是它的資料庫。每次開啟電源時，機器人都是首次學習關於每樣東西的資訊。當機器人撞到什麼時，它會根據實際的環境狀況做出判斷，這意謂著它能適應任何環境。

　　「我展示給你看。」布魯克斯把我帶到他的實驗室。他把一片空白的神經晶片插入其中一個類爬蟲的機器人中，我就看著它搖搖晃晃地動了起來。一開始它在遲疑，在房間裡跌跌撞撞，就像一隻剛學走路、第一次用腿撐起自己的小鹿。每走一步，它的腳步就變得更平穩。

　　機器人的腿很快就學會彼此合作，不到幾分鐘，機器人已經可以在房間裡飛奔了，它的內部並未儲存如何走路的資料，也沒有寫入相關的程式，只是內建幾個讓不同元件間能彼此合作的簡單規則。機器人的腿並不懂得思考，只會實際身體力行。我對這麼獨特又簡單的系統讚不絕口，這和我過去接受在越南如何飛行的訓練完全一樣：**觀察、導向、決定、行動**。機器人先理解環境狀況，再根據從中取得的資料，果決行動。

　　我問布魯克斯道：「假如我們能想出一套簡單的指令，

提供給工作團隊，讓他們能像機器人的腿一樣彼此合作，你覺得如何？員工可以自我組織、自我最佳化，就像你的機器人那樣。」

「我不知道，」他回答道：「你何不試試看，然後告訴我成效如何？」

別追逐瀑布

我愈來愈覺得，如果我能創造出一個系統，讓它像機器人那樣，可以不時利用來自環境的回饋資訊，協調獨立思考的個體，這個系統將可創造出更高水準的績效。只要能在一群「腿與腿」之間維持資訊流的精簡，就能實現前所未有的高效能。

我和布魯克斯的對話發生在二十多年前。他在麻省理工學院擔任多年的機器人學暨人工智慧實驗室主任，而我曾見過的那個名為「成吉思汗」的類蜘蛛機器人，現在是存放在華府史密森尼（Smithsonian）博物館的收藏品。不過，現在你可能已經很熟悉布魯克斯的公司 iRobot，該公司推出名為 Roomba 的真空吸塵器，而且運用和成吉思汗在辦公室裡追著我跑時同樣的適應式智慧。他在 Rethink Robotics 公司

推出的最新創新產品Baxter機器人，能與處於相同工作空間中的人類合作。

布魯克斯的作品鼓舞了我。1993年，我帶著這些想法前往一家名為易守（Easel）的公司，擔任物件技術副總裁一職。那裡的高階主管們希望我的團隊在六個月內針對該公司一些大客戶，像是福特汽車，開發出全新的產品。福特汽車曾使用該公司的軟體來設計並打造內部的應用程式。我告訴我帶領的開發團隊成員，我很清楚，如果繼續使用那套開發軟體的舊手法，肯定不可能做得到。

擺脫瀑布，尋找最佳實務

我在上一章中提到的「瀑布法」就是那套舊手法：和某專案相關的每件事，全都被小心翼翼地放置在偌大的甘特圖上，每項作業的所需時間也都已經精準預估，並且使用美麗的色彩強調，在頁面上就像瀑布一樣傾瀉而下。這些圖表美就美在內容的精確，但卻也是全然捏造出來的東西。

我在易守察覺到，採用這種瀑布法，就算不至於弄得超出期限好幾年，至少也會多出好幾個月。我們必須想出一套截然不同的工作方法。我去找執行長，告訴他要停用甘特圖。他十分震驚，希望知道原因。

「你在職涯中看過幾張甘特圖？」我問道。

「幾百張。」他答道。

「有幾張的內容符合實際狀況？」

他頓了頓後才道：「零。」

當時我告訴他，我準備在這個月月底就交出可操作的軟體，而非交給他沒用的甘特圖。他可以親身試用看看，檢視我們努力的方向是否正確，如果我們真的想在期限之前完成工作就必須這麼做。

我和我的團隊花費幾個星期的時間，閱讀好幾百篇談論團隊組織與產品開發的論文、書籍和文章。有一天，其中一位開發人員發現一篇1986年刊載在《哈佛商業評論》（*Harvard Business Review*）的論文，作者是兩位日本企管教授竹內弘高與野中郁次郎，文章的標題是〈新新產品開發遊戲〉（The New New Product Development Game）。他們檢視全球一些最具生產力與創新的企業團隊，包括本田汽車、富士全錄、3M、惠普等。兩人主張，既有的產品開發手法，也就是以美國太空總署的階段式方案規劃（Phased Program Planning）為典型的瀑布法系統，基本上是有瑕疵的。相對的，最出色的企業會使用更快速也更有彈性的疊合式開發流程。其團隊是跨部門的、是自主的，也有自行做決定的權力

與卓越的目標，他們追求的是比自己還重要的價值。管理團隊並未頤指氣使，反倒是扮演僕人領袖和支持者的角色，專注於去除擋在團隊面前的阻礙，而非告訴團隊成員該如何開發產品，以及該開發什麼產品。兩位日本教授把傑出團隊比喻為橄欖球隊，還說最出色的團隊，表現得就像正在球場上爭球一樣：「……球在團隊內部一個傳一個，整個團隊在場上一條心。」[1]

以日式管理為師

　　竹內弘高與野中郁次郎的文章在當年剛發表時曾引發一陣轟動，但是距離我在易守讀到它時已經相隔七年。文章發表時，大家都很推崇其中的觀點，卻沒人試著加以運用。明明豐田汽車當時迅速運用這套做法擴大市占率，美國企業的管理者卻都未能詳加了解。不過，在易守的我們並沒有什麼好損失的，因此我們決定嘗試看看，即便這篇論文聚焦於製造，而非軟體開發。我覺得兩人的想法很貼近某些基本的事實——它描述出在任何專案中，人與人之間合作的最佳方式。它的內容和我早年第一份在中洲公司這家私人企業工作時曾做過的所有實驗是相通的。

　　「Scrum」就在此時正式誕生。我們在易守準時於六個

月內完成產品，預算沒有超支，錯誤還比先前提過的任何版本都來得少。

我對於這種新式的專案管理手法甚感興奮，日後我的工作全都投注在協助企業把Scrum運用得更精純。1995年，我和施瓦布在計算機協會（Association for Computing Machinery）的研討會中發表一篇名為〈SCRUM開發流程〉（SCRUM Development Process）的論文，整理出實際做法。在那之後，我們又略為修正部分內容，也不再使用全大寫的稱呼方法，但基本原則還是一樣的，而那些採用這套流程的企業，基本上都能看到立竿見影的效益。[2]

檢驗與調整

運作得宜的Scrum團隊可望實現我們所稱的「超生產力」。或許令人難以置信，但是我們經常看到有些善於運用Scrum的團隊，生產力改善300%至400%，最出色的團隊甚至提升800%的生產力，並且不斷地複製成功經驗，最後的工作品質還是原本的兩倍以上。

所以，該如何把自主性、卓越性及跨部門交流的精神融入Scrum團隊中，進而實現超生產力呢？這就是我在本書

後面章節要談的，但是現在我會先交代基本架構（附錄裡也有更簡潔的版本）。

戴明的影響力

由於Scrum來自於日本製造業使用的技巧，因此值得我們多了解一下日本人是怎麼學來的。諷刺的是，大多數的內容都學自於一位美國人：戴明（W. Edwards Deming）。第二次世界大戰結束後，在美國占領日本期間，戴明曾為麥克阿瑟將軍工作。麥克阿瑟重建日本經濟的手法是開除日本公司的多數高階主管，提拔基層人員為直線主管，並從美國引進像戴明這種企業經營專家。戴明對日本製造業的影響極大，他訓練數百位工程師學會所謂的「統計製程管制」（statistical process control, SPC）。SPC的基本概念在於，要精確衡量已經完成的工作，以及成果的好壞，並追求「持續改善」。別只是改善一次，要持續改善。永遠都要找到可供改善之處，永遠不要安於現狀。至於如何實現，靠的是經常透過實驗找出怎麼做才會有所改善。嘗試過這個方法後，成果改善了嗎？另一個方法又如何呢？如果我調整其中的某個環節呢？

1950年，戴明曾對日本企業領導者進行一次知名的演

說。聽眾中還包括索尼（Sony）創辦人之一的盛田昭夫。
戴明在演說中告訴聽眾：

> ……無論你們的技術人員有多麼出色，身為領導者的你們都必須追求改善產品品質與一致性，技術人員才會懂得改善。因此，第一步就在管理階層的身上。首先，你必須讓技術人員與工廠知道，你是一個對於提升產品品質與一致性很有熱情的人，對於產品的品質也很有責任感。
>
> 假如你只是光說不練，這一切都不會發生。身體力行是很重要的。[3]

PDCA 循環

至於身體力行的方法，就是 **PDCA 循環〔規劃（Plan）、執行（Do）、檢核（Check）、行動（Act）〕**，這或許也是戴明最出名的理論。這樣的循環幾乎可以用在任何東西的生產上，無論是汽車、電玩，甚至連紙飛機都行。

我在訓練大家學習 Scrum 時，用的正是紙飛機。我把他們分成幾組，要他們盡可能多做幾種能飛到房間另一頭的紙飛機。小組中會有三種角色：其中一人負責檢查做出來的紙

飛機，看看有幾架能飛；另一人負責部分組裝流程，但是也要負責注意製作的流程本身，並且看看能否找出更好或更快的製作方式；剩下的所有人就專心在限定的組裝時間內，多做幾架真的能飛得那麼遠的紙飛機。

接著我會告知，紙飛機的製作以六分鐘為一個循環。這些小組有一分鐘的時間**規劃**要如何製作飛機，三分鐘可以**執行**，盡量多做幾架並測試飛行成效。最後他們有兩分鐘的時間來**檢核**。在這個階段中，小組會設想：在紙飛機的製作過程中有什麼能改善的？哪裡做得對？哪裡做得不對？設計應該調整嗎？如何才能改善？接著他們就會**行動**。在戴明的世界裡，「行動」意謂著根據實際成果與環境因素而改變工作方法，這和布魯克斯的機器人採用的策略是相同的。

只要這樣的循環進行三次，不管你是做紙飛機或真正的太空船，你不但會有所進步，而且是顯著的進步（速度大約快上兩三倍，品質至少**翻倍**）。戴明把PDCA循環教給日本人時，它還是頗為創新的概念，後來也是促成豐田汽車變成一流汽車製造商的關鍵。任何類型的「精實」（Lean）生產（美國人以此稱呼豐田生產系統的概念），或是Scrum的產品開發，依據的也都是PDCA。

不改變，就等死

之所以會這麼急需一種新的工作方法，之所以會有這麼多的公司採用它，部分的原因就在於，軟體開發的現況非常糟糕。專案絕大多數都延遲、超支，還經常不符合需求。這並非因為開發人員太愚笨或太貪婪，而是因為他們的工作方法有問題。他們堅持採用瀑布法，堅持每件事都要事先規劃好，甚至還堅持在專案長達數年的執行過程中不可以有任何改變，顯然是荒謬至極。

最早我是在南方貝爾（BellSouth）公司學到這件事的。幾年前，我曾以顧問身分造訪該公司。該公司有一流的工程師，很多人都來自於知名的貝爾實驗室（Bell Labs）。這些人把瀑布法執行得很完美。他們會標下一千萬美元至兩千萬美元的大型專案，會從客戶那裡蒐集需求，接著就會花費十八個月，在客戶要求的預算內按時交出東西，是全球極少數能把瀑布法執行得這麼好的公司。但問題在於，等到十八個月後，客戶真正想要的已經與當初想要的不同了。狀況改變了，商業循環縮短，客戶需要更多能回應環境的服務。

他們找我去是希望我幫助南方貝爾找出哪裡做得不

對。我很快就意識到，問題在於他們的整套做法上。但是，在凡事似乎都做對的狀況下，他們很難聽進諫言。因此，我找了一天面對塞滿整間房間的一百五十名南方貝爾工程師，告訴他們：除非調整為截然不同、更能回應客戶需求的模式，未來公司將無法永續經營。然而，他們卻很堅持己見。雖然這些男男女女真的都很聰明，但是他們只把我的意見當成另一種管理風潮而已。我無法讓他們理解，因此我只是聳聳肩，丟給他們一句最後的警告：「不改變，就等死。」或許你可能注意到了，南方貝爾存活得並不久。

守破離

　　Scrum源自於日式思維與做法。我前一陣子到日本旅行，和野中郁次郎教授會晤時，他告訴我，現在日本已經不把Scrum當成最新穎的工作風尚了，而是視為一種做事方法、一種存在方式、一種生活型態。在教導別人如何運用Scrum時，我常會談到自己多年來學習日本武術合氣道時的個人體會。

　　Scrum，就像合氣道或者像跳探戈一樣，是一種你真的只能從做中學的學問，你的身體、思維及性靈可以透過經常

的實踐與改善而趨於一致。在武術中有一種概念稱為「守破離」,分別是指三種不同的精通層次。「守」的狀態指的是你懂得所有規則與動作。你不斷重複動作,好讓身體學會,就像你在學習舞步時那樣。守就是能做到不會出錯。

「破」的狀態指的是,你在精熟動作之後開始懂得創新。像是跳舞時在地板上一踏後又自己多加一甩。

「離」的狀態指的是,你已經不受既有動作的限制,能夠真正融入其中,可以隨心所欲地創造新動作,因為對於合氣道或探戈的知識與意義已經了然於胸,你的一舉手一投足都會展現出精髓。

Scrum也很像這樣。它需要實作和專注,也需要持續投入心力達成新狀態,一種凡事自然而然流轉與發生的狀態。如果你看過傑出舞者或體操選手的精湛演出,你會發現他們的動作看起來是如此輕鬆自在,就像他們什麼都沒做,只是呈現出原本的自己一般。在那個當下,他們的樣子看起來就是那麼理所當然。某天,當一位身材矮小的合氣道大師不費吹灰之力就把我摔往空中時,我就有過這樣的體驗。他把我摔出去的手法,讓我輕巧地摔到墊子上,就像是他溫柔地把嬰兒放進搖籃裡一樣。

這是你會希望在Scrum中達到的境界,也是我希望大家

融入生活中的境界。工作也可以不讓人抓狂，它可以很順暢，可以讓人樂在其中，可以是實現更崇高目標的調校過程。我們都能進步，我們都能卓越！我們只須放手去做。

我會在本書中每一章專門談論 Scrum 的一個面向。這些深入的探討是要讓各位知道 Scrum 概念背後的道理，以及為何 Scrum 會是這樣的結構。在附錄中列出 Scrum 的基本事項（解釋其定義），但是那個部分只告訴你該做什麼。如果你願意跟我一起，我會告訴你為什麼要那麼做。

本章重點摘要

遲疑是會致命的。 觀察、導向、決定、行動。了解身處何地、評估選項、做決定，然後行動！

向外部尋找答案。 複雜的適應系統都有少數幾項簡單法則可循，而且是從環境中學來的。

出色的團隊是： 跨功能、自主、得到授權，具有崇高目標。

別用猜的，要規劃、執行、檢核、行動。 規劃好你要做什麼，然後執行。檢核成果是否如同預期，然後據此採取行動、調整做法。一直重複這樣的循環，就能實現持續改善。

守破離。首先,要學會規則與動作,等到精熟之後開始創新。最後,進入高度精熟的狀態,捨棄形式,只是自然而然地存在,因為一切都已內化,可以不假思索就做出決定。

第 3 章

團隊，小而美

在工作的世界裡，負責把事情完成的是「團隊」。團隊可能負責生產汽車、回覆來電、動外科手術、寫電腦程式、製作新聞，或是撞破被恐怖份子占據的公寓房門。確實也會有一些獨自工作的工匠或藝術家存在，但讓這個世界運轉的依舊還是各種團隊，而它們也是Scrum的發展基礎。

大家都知道這個道理，但是在企業裡，我們太常把注意力放在個人身上，即便工作成果是來自於團隊的努力。想想績效獎金、升遷或召募，每件事都聚焦在個人，而非團隊。現在看來這樣的思維犯了嚴重錯誤。

管理者常把焦點集中在個人身上，這是一種很自然而然的想法。誰都想找到最好的人才，而每個人都各不相同，所以只要把最好的員工找進來，就能得到比原本還好的工作成果，不是嗎？可惜，事情並沒有這麼簡單。

就以學生在課堂中得到的成績為例，耶魯大學有一門編號CS 323的電腦程式設計課程，由史丹利・艾森史泰特（Stanley Eisenstat）教授所開設，這課可是出了名的難修。當學生們開始抱怨，每次的作業得花多少時間才能做完時，教授並沒有降低回家作業的難度，反而開始追蹤每位學生需要多久的時間才能完成。後來，有一位在1980年代曾修過艾森史泰特這門課，而現在已經擁有自己軟體事業的約

耳‧史波斯基（Joel Spolsky），就把這些資料拿來和學生們實際得到的分數相互比較。他希望得知，花費在做作業的時間與他們得到的成績是否具有相關性。有趣的是，兩者之間並無關聯。有些人做得快還得到A，有些人做得很仔細，成績也沒有比較好，唯一的差異只在於雙方所花費的時間。這件事對企業而言代表什麼意義？

不只拿A，要快速拿A

假如你是主管，你想找的人應該不會只是能夠得到A的員工，而是能在最短時間內得到A的員工。在前述的耶魯大學研究中，最快完成作業的學生，速度是其他學生的十倍。這些學生寫作業快上十倍，而且得到一樣好的分數。快十倍很驚人，對吧？這會讓人覺得企業應該只找做事最迅速的人，趕走那些慢吞吞的人。乍聽之下，這似乎是提高生產力的最佳方法，但是其實還有其他更重要的因素存在。

假如你觀察團隊，而非個人，你會發現一些有趣的事。有些研究檢視三千八百個不同的專案，範圍從會計師事務所的專案、戰艦的軟體開發專案，到IBM的技術專案，不一而足。分析人員並未關注個人績效，而是著重團隊績

效。當你檢視不同團隊的績效時，會發現一件驚人的事實。假如最佳團隊能在一個星期內完成工作，你覺得最差團隊會花費多久時間？你可能會猜想兩者間在速度上的差距，或許會像在耶魯大學的案例中所觀察到的一樣是十倍（亦即，遲緩團隊要花費兩個多月才能完成迅速團隊在一週內完成的事項）。不過，實際的答案是，團隊間在績效上的差距遠大於個人績效上的差距。迅速團隊花費一個星期完成的事，遲緩團隊花十個星期還無法完成，而是耗時兩千個星期，最佳團隊與最差團隊之間的差異就是這麼大。所以，你該把焦點集中在哪裡？是該放在個人上，神奇地把所有員工都變成天才，讓他們的工作速度提升十倍？還是該放在團隊上，大幅改善團隊的生產力，即便只是讓最差團隊提升到平庸的水準？當然，志在平庸，就只能停留在平庸的水準，但是，如果你能讓所有團隊都志在卓越呢？

在某些年代、某些地方，會出現某一小群能夠把不可能的事變成可能的人。就算你從未參與過這種團隊，你也該看過他們的表現。你或許曾聽過他們的故事，或是關於他們豐功偉業的傳說。我在波士頓附近長大，現在也住在那裡，因此在我腦海中浮現的傑出團隊是1980年代的波士頓塞爾提克人，以及湯姆‧布雷迪（Tom Brady）在役時期的新英

格蘭愛國者隊。這些團隊的場中表現看起來就像是在打一場不同凡響的比賽。原本看似不可能的切入與演出，突然成為比賽策略的一部分。球員們有如神助，好一陣子他們都沒有犯下錯誤。賴瑞‧博德（Larry Bird）帶球過半場，頭也不轉地就把球傳向看似無人、只有硬木地板的方向，但是就在球快要出界時，凱文‧麥克海爾（Kevin McHale）就會自然而然地精準出現在那個他應該要出現的位置上，接著他把球往場邊一丟——同樣是一副視線根本沒有往那個方向看的模樣，這時候羅伯特‧派瑞許（Robert Parish）會剛好完美地就射籃位置。正是這種充滿企圖心又彼此信任的完美合作，才能造就卓越。

我們都看過這類團隊。有些人在人生之中可能很幸運地曾隸屬於其中一個這樣的團隊，或是多個這樣的團隊。在我設計 Scrum 時，我觀察有哪些事是成效卓越的團隊做了，但是其他團隊卻沒做的。我很想知道為何有些團隊能改變世界，有些卻陷入平庸？真正傑出的團隊有什麼共同的特徵？最重要的是，我們能予以重現嗎？

答案似乎是肯定的。

竹內弘高與野中郁次郎教授在那篇最早談及 Scrum 原型的文章〈新新產品開發遊戲〉中，描述他們在全球一流企業

中的團隊看見的特質：

1. **卓越**：這些團隊都抱持著非比尋常的目標，這種自我實現的目標促使他們從平凡往超凡發展。他們不甘平凡、想要出眾的決心，不但改變他們看待自己的方式，也讓他們的能耐變得不同。

2. **自主**：這些團隊都懂得自我組織與自我管理，有權力自行決定如何做事，並被賦權堅持自己的決定。

3. **跨功能**：這些團隊都擁有完成專案需要的所有技能，規劃、設計、生產、銷售、配送，而且不同技能會在相輔相成中日益精進。正如為佳能（Canon）設計出一款革命性新相機的團隊成員所言：「當所有團隊成員都身處於一個大房間裡，別人提供的資訊都會變成你的資訊，你根本不用再試。因此，你就會設想，對這個團隊來說，最佳選擇或次佳選擇是什麼？你不會只從自己的角度來思考。」[1]

你該如何打造出一個追求更高目標、懂得自我組織，又經常從其他成員的技能中汲取養分的團隊呢？我花費許多心力思索這件事。畢竟，你總不能只是對著員工大吼大叫，

要求他們加強自我管理與追求卓越；這必須是他們發自內心願意去做的才行，用逼迫的方式只會扼殺你原本設想的那種可能性。有沒有一套簡單的規則可以創造奇蹟？

長灰線志在卓越

我想起自己過去也曾是這類奇蹟團隊的成員之一，那是在1960年代早期的事了，當時我還是美國陸軍軍官學校，也就是大家比較耳熟能詳的西點軍校學生。在最後一學年時，我獲派為L2學生連隊的訓練官。

在1963年，西點軍校有二十四個學生連，從A1到M1，再從A2到M2。每隔三個星期，這些連隊就會到集合場上，穿著全副軍裝行進，托著槍、配著刀，這邊披上白色帶子，那邊小心掛好裝備。行進隊形比賽已是校內近兩百年的傳統，但是在1963年時，L2連隊的排名已經墊底超過一個世紀。

訓練官並沒有直接的權力，並不是連隊指揮階層的一份子。沒人理會他，也沒人有義務照著他的話做。但是在每次行進後，各連隊的訓練官都會聚集在一起，根據多項指標幫彼此的連隊打分數。身為L2連隊的訓練官，我認為自己

能做到的就是讓事情變得更透明。我製作彩色圖表，列出連隊在行進時有哪裡做得好、哪裡做得不好，並把圖表張貼在軍營裡連上同學每天都一定看得到的地方。

一開始我列出的批評都很簡單，查理的佩劍卡在土裡；吉姆轉彎時和別人沒有同步；戴夫的敬禮有氣無力。既沒有處罰，也沒有斥責，我只是列出其他訓練官在評分時提出來的事實而已，但這些正是L2之所以會敬陪末座的原因。

幾個星期後，同學們在比賽時有所改善，而現在低分的原因變成在連隊指揮官的身上，他的命令不夠清楚、下令的時機不夠俐落。正如我所預料的，指揮官對於我的批判十分生氣，但我只是簡單回應道：「評分就是評分，我只是說出事實。弟兄們都已經振作起來了，現在問題在你身上。你想不想改正？還是你想要永遠都這麼糟糕？」幾個星期後，L2成為西點軍校排名第一的連隊。

麥克阿瑟的演說

西點軍校史上最受尊敬的校友當屬麥克阿瑟將軍。他的軍階是所有校友中最高的，他在兩次世界大戰中也都是領導軍官。他是五星上將，而且獲頒國會榮譽勳章，與學員隊之間關係匪淺。

1962年5月，我負責訓練連隊的前一年，麥克阿瑟在西點軍校發表最後一次演說。你必須先對現場的場景有適切的想像，才能完整感受到那股衝擊。當天有三千人穿著學生的灰色制服，坐在設有巨大石柱、天花板上吊著大型吊燈的偌大石廳裡。其中一面牆的前面有個約三十呎高的平台，可以俯瞰整個石廳。當時已經十分虛弱的麥克阿瑟將軍，站在平台上發表今天我們稱為「長灰線」（Long Gray Line）的演說（灰色是西點軍校的制服顏色）。

　　　　你們的潛在影響力，能促使國家的防禦系統緊密地融為一體。當戰場的警鐘響起時，從你們的隊伍中將會出現足以掌控國家命運的傑出將領。

　　　　長灰線（譯注：意指西點軍校生）從未讓大家失望。假如你們膽敢如此，將會有百萬名身著草綠色、卡其色、藍色與灰色軍裝的幽靈，從白色十字架下跳出來，怒吼出那三個神奇字眼：責任、榮譽、國家。2

　　提到這個，我還記得在麥克阿瑟將軍完成這個最後的任務後，彷彿就有眾多的幽靈在他身後冒出來一樣，而三千

名受過作戰訓練、不輕易落淚的男人也都潸然淚下。

> 我在夢中再次聽到轟隆的炮聲、劈啪的步槍
> 聲，以及戰場上詭異而憂傷的低語聲。但是在我
> 記憶的尾聲，我都會回到西點，耳邊也總是會一
> 再迴響著：責任、榮譽、國家。
>
> 今天是我最後一次為各位點名。但是，我希
> 望各位知道，當我前往彼岸時，我的最後一點意
> 識仍會記掛著學員隊、學員隊、學員隊。3

時至今日，校內的每個學生都必須逐行、逐字地牢記
這篇演說才能畢業。演說的內容已成為學員隊與全體軍官的
精神指標：責任、榮譽、國家。

麥克阿瑟將軍發表演說近一年後就溘然長逝。校方挑
選一個連隊在他的葬禮中行進。在緩慢而有節奏的鼓聲中，
一百多年來在所有連隊中都敬陪末座的L2學生連，就走在
載運棺木的雙輪炮兵馬車後方，而棺木裡沉睡的是一位美國
最偉大的將軍。

葬禮結束後的幾個月，我在畢業典禮上跟著L2最後一
次行進。二十四個學生連全部下場，但是因為字母順序的關

係，L2排在第二十三個隊伍行進。畢業典禮後，我未來的岳父問我：「倒數第二個走的那個連隊和其他連隊不一樣，其他連隊只是單純在行進，這個連隊卻看起來意氣飛揚。他們是什麼連隊？」

「那是我的連隊，」我回答道：「就是他們為麥克阿瑟將軍送行的。」

我的連隊已經達成卓越。

革命運動裡的 Scrum

人們在提及出色的團隊時，都只會談論它們的崇高目標。這一點固然重要，卻只是三腳凳中的一隻腳。同樣重要、但較少人讚美的另一點在於，能自由地以自己認為最好的方式做事，也就是有自主性。所有出色的團隊，都是由成員自行決定要如何完成由組織領導者所設立的目標。

埃及的解放廣場（Tahrir Square）已成為茉莉花革命與後續活動的同義詞。但是在 2011 年 1 月以前，那裡只是開羅下城一個髒亂而交通打結的圓環而已。它的北邊是玫瑰紅色的埃及博物館（Egyptian Museum），南邊是位於開羅的美國大學高牆與知名的 Muqawama 行政大樓，西邊則是獨裁者胡

斯尼‧穆巴拉克（Hosni Mubarak）所帶領的國家民主黨總部，過去也曾是阿拉伯聯盟（Arab League）總部。但是在廣場東隅的建築中，最突兀的是一家肯德基，沒過多久它就成為丟擲石塊的抗議民眾逼迫警察撤退的背景。

2011年1月下旬，一小群抗議民眾決定在圓環內示威，抗議青年卡利‧薩伊德（Khaled Said）遭埃及警方殘忍殺害。這原本或許只是另一場針對威權體制的小型抗議活動，沒想到情況竟然會愈演愈烈，激發埃及人覺醒，最後吸引數百萬名民眾來到廣場。在接下來的幾個星期裡，最不可思議的事發生了：光靠著民眾的聚集與表達反對意見，中東最古老也最有權力的獨裁政權就這樣垮台了。人們日以繼夜地聚集於此，廣場上滿是人潮，也創造出獨裁者穆巴拉克無法控制、人人都能表達真實心聲的另一個國家，他們改變了自己的世界。

對記者們來說，這是深具歷史意義的重大事件。美國主要媒體國家公共廣播電台（National Public Radio, NPR），也在緊急趕往開羅的行列之中。剛開始因為措手不及，國家公共廣播電台的製作人與記者不是趕不上截稿時間，就是漏掉新聞，而且還得努力滿足華盛頓高階主管們的要求。

國家公共廣播電台指派我的兒子J. J.薩瑟蘭前往當地處

理這樣的狀況。公司要長年擔任戰爭新聞製作人暨特派員的他到開羅製作現場報導，事件大到每天、每個節目、每個小時都一定要轉播。於是他臨時來到這個機場已遭封閉、外國人正焦急地試圖逃離、手機與網際網路都被封鎖的國度。當時他是現場的資深製作人，但是就像西點軍校的訓練官角色一樣，國家公共廣播電台的製作人只是扮演協助與編整的角色，也就是只提供幫助或促成一些事，而非典型的管理者或領導者。他的工作是協助團隊盡可能呈現最好的工作成果，並非由他來告知同仁們該做什麼，而是要在同仁們需要什麼時就提供給他們。管理階層下達的命令是要報導這起事件、一天要播報數次，現場團隊就必須找出因應這個挑戰的方法，並且決定要報導哪些事，以及如何在媒體上呈現。

奇怪的是，後來團隊是因為和在華盛頓的管理高層通訊十分困難，才造成報導成功，他們真的是靠自己做到的。由於當地的事件發展得過於迅速，華盛頓的高層根本不可能頻繁地下指導棋，團隊必須藉由自我管理把工作完成。在Scrum中有一個很重要的觀念是：團隊成員必須自行決定要如何完成工作。管理階層的職責在於制定策略目標，但團隊的工作則是在於決定如何達成目標。在開羅，任何不在當地的人根本不可能跟得上當地正在發生的事件進度。每天在國

家公共廣播電台所報導的一系列新聞中，都可能因為迅速演變的事態而馬上過時。只要廣場上發生一次大衝突、某人發表一場演說、某人辭職，或是一場戰役，整個團隊的作業就可能會徒勞無功，他們可能突然必須倉促地趕在播出前做出新聞。

但是他們成功做到了，原因就在於導入 Scrum。他們必須每十二小時截一次稿，在「晨間新聞」（Morning Edition）與「新聞面面觀」（All Things Considered）中播出。每截一次稿，我的兒子都會和團隊討論，詢問大家很簡單的三個問題：從我們上次交談後到現在，你做了什麼？在我們下次再討論之前，你打算做什麼？有什麼事情干擾你嗎？詢問這些問題正是 Scrum 的固定儀式之一，這可以促使特派員們彼此討論並分享資訊。而他的主要工作就和實際上的 Scrum 大師（Scrum Master）一樣，在這次開會後，要負責確保任何干擾團隊工作的因素在下一次開會前已經被排除。任何因素都有可能會成為阻礙 —— 可能是與埃及官員交涉以取得安全的飯店房間，也可能是找到司機與翻譯人員幫忙把他們從埃及令人害怕的祕密警察系統「穆卡巴拉」（Mukhabarat）手中解救出來。

這一切是怎麼辦到的？剛開始是一片混亂，大家彼此

爭辯，新聞也做不出來。但是團隊卻很快就搖身一變，成為運作流暢的機器，管理階層根本不必插手，而是由成員自我管理。在接下來的幾個星期裡，國家公共廣播電台在開羅的團隊所製作的報導比任何人想像得多，品質還高於其他競爭媒體，後來更贏得幾座獎項。假如這個團隊不具備崇高的目標（想要製作出自己職涯中最大的報導），也缺乏自主性（能自行決定如何製造專題報導中的多則新聞）的話，根本不可能達成這樣的壯舉。

現在國家公共廣播電台已經在內部使用Scrum，包括網頁設計、資料新聞學、開設新廣播節目等。《芝加哥論壇報》（*Chicago Tribune*）、《紐約時報》（*New York Times*）、《華盛頓郵報》及非營利網路媒體ProPublica的工作團隊，也都在使用Scrum。當截稿時限緊迫時，速度就很重要。

一個團隊搞定所有工作

要成為傑出團隊，凳子的第三隻腳是團隊必須擁有完成事情的必要技能。在傳統的組織架構中，可能會有負責規劃的團隊，接著是負責建造的團隊、測試的團隊、生產的團隊，再加上運輸的團隊。在專案能夠進入下一個階段前，每

個團隊都必須先完成自己那部分的行動，沒有任何一個團隊能獨力把產品送出門。

美國太空總署採用的「階段－關卡」流程就是經典案例。美國太空總署在1960年代、1970年代及1980年代就是使用這套流程執行太空梭等計畫。現在的流程已經大不相同了，這裡講述的是他們那套舊流程的運作方法。首先，從探索「階段」著手，大家決定要設法完成的目標，比如說打造一艘登月火箭。一群策略人員坐在房裡，想像著那幅場景。接著會有一個「關卡」，由一位或一群管理者簽名，認可該專案有發展的價值。再來進入初步調查階段，所有的「需求人員」必須決定該做哪些事。接著會有另一個關卡，又要開好幾次的會，產出的所有龐大文件要轉交到下一個階段——細步調查階段，並擬定專案計畫。再來，所有的計畫又必須歷經一連串的會議與核可，完畢之後再送到下一個階段——開發階段，到這時才會真的開始動手生產。接著又是一堆會議與文件，然後把產品交到另一群人手中，進入下一個階段——測試。測試人員先前從未看過產品，但他們還是照測不誤，然後簽名核可，再把產品放到另一個關卡前，也就是永無止盡的開會，這時會再產出一批根本沒有人會閱讀的文件。直到這裡，產品總算要送到第六批人員的手

中，由這些人實際推動上市。光是把這些過程寫出來就累死人了，但這卻是美國太空總署過去發展計畫的過程。

在1980年代早期的某個時點，一群富士全錄公司的高階主管來到美國，研究這間知名的航太機構是如何運作的。等到他們回到日本採用相同的流程後，他們馬上就發現品質變差、故障率提高、交貨能力也大跌。他們迅速捨棄這套流程，指稱它可能會造成毀滅性的錯誤。負責調查1986年挑戰者號（Challenger）太空梭事故的羅傑斯委員會（Rogers Commission）也認同這樣的說法。誠如物理學家理查・費曼（Richard Feynman）在該委員會的報告中於附錄F所寫的那段知名文字所言：「無論是出於內部或外部所需的任何理由，看來美國太空總署的管理當局誇大產品的可靠度已經到了幻想的地步。」[4]

但是，只要你看看最傑出的團隊，不管是竹內弘高與野中郁次郎寫下那篇論文時存在於豐田汽車或3M公司的團隊，或是今天在谷歌、Salesforce.com或亞馬遜內部的團隊，都看不到像美國太空總署這種劃分角色的做法。每個團隊都擁有負責各類工作的成員，一應俱全。

尼可拉・多蘭貝絲（Nicola Dourambeis）在Salesforce.com負責敏捷實務。在這家經常名列《財星》（Fortune）「百

大最佳雇主」與《富比士》(*Forbes*)「全球最創新企業」的公司裡，她得帶領兩百多個Scrum團隊。她表示，她視Scrum為公司的「祕方」。「以前我們還是新創企業時，」她說：「每年我們都會發表三、四次的新產品。但是，隨著公司成長、規模擴大，改為以典型的瀑布法管理專案後，在2005年至2006年間卻下降到一年發表一次新產品。我們一定得改變這樣的狀況不可，因此才會導入Scrum。在那之後，我們一直都維持每年發表三次，並沒有多少大企業能做到這點。」

她對團隊的要求是多樣性——多樣的技能組合、思維及經驗。她想要的是無私與自主的團隊，但是她也希望團隊跨功能、能獨力完成專案。

她會藉由詢問問題的方式來測試團隊是否往正確方向發展。例如，她可能會問網路工程師：「你是什麼團隊的？」如果對方回答的是正在開發的產品（比如說自動化或整合），而不是自己的專業項目（像是網路工程），她就會點頭稱許。假如專業人員重視自己的專業更甚於正在開發的產品，她就知道自己做得還不夠。

戰場上的 Scrum

　　在軍中可以找到跨功能團隊最戲劇化的例子，那就是美國特種部隊。一支典型的陸軍特種部隊「A-team」有十二名成員，包括一名軍官隊長、一名准尉、一名中士（負責團隊的日常運作）、一名情報中士，以及各兩名負責特種部隊武器、爆破、醫務與通訊的中士。每支部隊都擁有從頭到尾完成任務需要的所有能力。成員們也會交叉訓練不同技能組合，例如，他們會希望確保當兩名醫務士都死亡時，通訊士也能救治武器操作士。特種部隊的另一個運作特點是，不同於許多的「一般」部隊，他們並不把情報的蒐集與行動的規劃加以分開。情報沒有在不同小組間轉述的這種事，因為那可能會導致錯誤。特種部隊不想要任何有如挑戰者號太空梭事故般的狀況發生。因此，負責蒐集情報的人都會頻繁地與負責規劃行動、執行計畫的人溝通。

　　伊拉克戰爭時，特種部隊證明他們極度善於殺人。當他們鎖定某個叛軍成員後，當晚就會消滅對方。在2003年至2007年間，這類部隊成功執行過數千次以瓦解叛軍為目標的任務，特別是針對伊拉克的蓋達組織。無論就戰術或作

戰上而言，他們的任務絕大多數都成功了。這些跨功能、受過高度訓練的團隊，是全球有史以來最致命的軍力。只是儘管特種部隊有其技能與才智，在戰略上卻毫無影響力。在伊拉克戰爭的前四年，美軍與伊拉克百姓所受到的攻擊幾乎是與日俱增。在這場戰爭中最黑暗的一段時日，每天美軍遭受一百餘次攻擊，即便能力強如美國特種部隊也無法扭轉這種局勢。到了2006年年底至2007年年初，只要是內行的評論家都認為，美軍在伊拉克戰爭中必敗無疑，每多死一個美國人，都讓外界覺得又是一次無謂的犧牲。

但是在2007年，大衛・裴卓斯（David Petraeus）將軍領導後來大家所知道的「增兵」（Surge）行動，派出數萬名美軍進入伊拉克，與民眾共同生活。這個新策略的影響卓著，原因之一在於，這使得伊拉克人民相信美國人和他們站在同一陣線，會為他們與在鄰近地區引爆炸彈或進行種族清理的叛軍作戰。另一個原因則是，美軍成功賄賂數萬名前叛軍幫助美方，這個計畫稱為「伊拉克之子」（Sons of Iraq）。但是，這個策略還有第三個元素 —— 被記者鮑伯・伍瓦德（Bob Woodward）形容為「和坦克車或飛機的發明一樣具有革命性」。

美軍運用的並非什麼新玩意兒或無人駕駛飛機，而是

當時擔任聯合特種作戰司令部指揮官的史丹利・麥克里斯托（Stanley McChrystal）將軍所稱的「協同式作戰」，由來自全美各政府部門的跨功能團隊鎖定蓋達網路並予以摧毀。2008年9月6日的《華盛頓郵報》就有如下的報導：

> 中央情報局提供情報分析人員，以及裝置感測器與相機，同時可鎖定目標、車輛或設備的間諜機達十四小時；FBI則派出鑑識專家剖析資料，對象從手機資訊到激進份子身上找到的雜物都有；財政官員追蹤在激進份子之間流動或往來各國政府的資金；國家安全局的人員負責截收對話與電腦資料；國家地理空間情報局運用高科技設備精準找出正在使用手機或電腦的可疑激進份子。5

他們的分工構成一個具備所有必要技能、足以完成任務的跨部門團隊。他們在同一個房間裡共事，分享所有情報、擬定找出蓋達成員並予以狙殺的計畫，而非把專家們劃分成彼此之間鮮少分享資訊的不同小組。

既有做法是，由情報機構指定目標，把實際運作交給

特種部隊，特種部隊再把任何蒐集到的情報轉交給另一個小組進行分析。採用這種轉交情報做法的人發現數十年前富士全錄試圖導入美國太空總署的階段－關卡制度時就發現的事，也是最初之所以會發展出 Scrum 的主要原因之一：只要資料在不同團隊間移交，就有發生災難的可能。正如刊載在《美國聯合部隊季刊》（*Joint Force Quarterly*）上，一篇名為〈情報監偵之運用：特種部隊最佳實務〉（Employing ISR: SOF Best Practices）的文章中所寫的：

> 跨部門團隊在伊拉克讓不同盟軍團隊之間更加合作無間，可以「目不轉睛地」緊盯重要目標⋯⋯假如不同單位或組織間還得交接任務，恐怕將創造出「三不管地帶」，不但會讓行動的動能減緩，目標還可能趁機逃走。6

在任何狀況下，像這樣分享資訊與資源都不是一件容易的事。我看過一些管理者在自己的資源被分配給不受自己直接掌控的外部團隊時，會變得幾乎無法做事。要放棄日常的微管理與控制很難，想要在情報和特種行動的機密世界裡做到這件事更是難上加難 —— 難到即便這麼做會很有效

率，美國在伊拉克的跨部門團隊在「增兵」行動被認為成功後，卻還是馬上解散了。克里斯多夫・蘭姆（Christopher Lamb）與伊凡・慕星（Evan Munsing）寫了一篇很棒的文章〈祕密武器：以創新架構建立負責重要目標的團隊〉（Secret Weapon: High-value Target Teams as an Organizational Innovation），其中就提到這件事：

> ⋯⋯等到在伊拉克幾近失敗的景況扭轉後，對於跨部門團隊的行政支援馬上就開始減少了。到了 2008 年，其他部門和單位，特別是某個不願具名的情報單位，都開始撤回人力並結束合作，因為他們認為資訊的分享與合作已經太過了。[7]

　　只因為狹隘的部門利益及中階管理者對於自己職涯的擔憂，就把伍瓦德口中「和坦克車或飛機的發明一樣具有革命性」的美軍最強武器撤除了。我在波士頓的某大金融機構中也一再看到同樣的事情上演。每當他們有什麼至關重要的專案發生問題而緊急把我找去時，都會要我訓練數十名員工運用 Scrum 方法，讓我成立足以幫忙度過難關的團隊。會有來自組織各部門的人員組成跨功能團隊解決問題，但是等到

問題一解決，危機解除了，他們又會解散團隊，讓人員回到各自的單位與管理範圍中。一個如此出色的團隊，由於透明度高、彼此分享資訊，就威脅到建立在祕密與隱諱中的結構。管理者通常並不希望其他管理者、自己的團隊，或是權力結構中的其他人，精確得知自己正在做什麼事、自己做過哪些事，以及做事的速度有多快。他們認為，掩蓋這些資訊才能維繫自己的權力。他們的行事注重的並不是群體的利益，而是自己的利益，通常是出於貪婪與野心使然。近年來，一些因為管理機制嚴重失靈而導致的經濟危機，也是肇因於同樣的思維。許多企業的行事都只看是否在短期內有利於個人，缺乏對群體利益的關心，也不管是否把對全球經濟的傷害控制在最低。

團隊的規模是關鍵

但是，你不能只因為跨功能團隊能創造出美妙的成果，就扮演諾亞的角色，把任何職務的人各丟兩個到團隊中。團隊唯有在規模不大時才能發揮活力，最典型的組成是七個人，加減兩個人，雖然我也看過小到三個人的團隊依然能發揮高度功能。令人關注的是，有資料顯示，假如團隊成

員多於九個人，運作的速度就會明顯降低。這是真的，因為資源變多會拖慢團隊的速度。

尋找最適規模

在軟體開發中有個名詞稱為「布魯克斯定律」（Brooks's Law），最早是1975年由佛雷德・布魯克斯（Fred Brooks）在他的重要著作《人月神話：軟體專案管理之道》（*The Mythical Man-Month*）中提到的。布魯克斯認為，「在一個已經延遲的軟體案中再加入人力，會讓它的進度變得更慢。」[8]這項定律是在無數研究過後才推導出來的。勞倫斯・普特納姆（Lawrence Putnam）是軟體開發的傳奇人物，他窮盡一生都在研究許多事情所花費的時間，以及背後的原因何在。他的研究一再顯示，一個專案如果有二十人以上參與，所耗費的心力會比只有五人以下參與來得多，而且是多出很多，不是只有多出一點。和小團隊相比，大團隊得花費五倍以上的時間才能完成。普特納姆一再看到這樣的現象，於是他在1990年代中期決定要做一個大範圍的研究，來判定究竟多大規模的團隊最好。他檢視來自數百家不同公司的四百九十一個中型專案，而且全部都是開發新產品或新功能的專案，而非修改既有的版本。他依照團隊的規模把專

案分組，很快就有所發現。只要團隊成員多於八人，完成事情所需的時間就會大幅增加。由三人至七人組成的團隊在完成同樣作業量的工作時需要的心力，只要九人至二十人團隊的四分之一，而這個結果也一再出現在成千上百個專案中。人數較多的團隊成效較差，似乎成為人類活動中牢不可破的鐵律。

　　但是為何會如此？要回答這個問題，就必須先檢視人腦的極限。你可能聽過1956年喬治・米勒（George Miller）所做的經典研究，得知一般人在短期記憶中最多可以記住七樣東西。這或許也是電話號碼之所以會是七位數的原因。但是米勒的研究有問題，後來有其他研究證明他是錯的。

　　2001年，密蘇里大學的尼爾森・科文（Nelson Cowan）希望驗證前述的「七位數定律」是否為真，於是針對該主題進行全新的廣泛研究。結果發現，一個人能在短期記憶中記住的項目數並不是七，而是四。[9]人們常以為自己可以借助記憶技巧或是提升專注度，來記住更多東西；但是這項研究的結果卻清楚顯示，我們只能記住四「串」資料。典型的例子是，假如把以下的十二個字母丟給某個人去記憶：fbicbsibmirs，大家通常只能記住四個字母左右；除非他們發現，他們可以把這串字「切」成耳熟能詳的幾個縮寫：

FBI、CBS、IBM、IRS。如果你能把短期記憶中的東西與長期記憶的東西加以連結，就能記住更多的內容。但是，我們的思維裡負責集中心神的那部分，也就是有意識的那部分，一次只能記住大約四個不同的東西。

大腦能力有限

現在我們知道，人的大腦在任何時候能記住的東西是有固定限度的。這時候就要回頭談談布魯克斯了。當他試圖找出為何專案中增加人力會導致耗費更長的時間才能完成時，他發現了兩個原因：其一是新加入的成員要花費一段時間才能上手，你可以預見要帶領新人上軌道將會拖慢其他人的工作速度；其二是不只和我們的思考方式有關，也不折不扣地與我們的大腦能夠思考什麼有關。當團隊的人數增加時，兩兩之間的溝通管道將大幅增加，超出大腦所能負荷的範圍。

如果你想計算團隊規模的影響會有多大，只要把團隊成員人數乘以「成員人數減一」，再除以二就可以了。溝通管道＝n(n–1)/2。所以舉例來說，如果團隊有五個人，就有十條溝通管道；六個人就有十五條溝通管道；七個人就有二十一條；八個人就有二十八條；九個人就有三十六條；十

個人就有四十五條。我們的大腦根本無法同時維繫和這麼多人之間的溝通管道，我們無法得知其他人都在做什麼，而當我們試著尋找答案時，速度就會減慢。

以特種部隊為例，Scrum團隊中的每個成員都必須知道其他人正在進行的事。所有正在進行的行動、正在面臨的挑戰，以及目前的進度，都必須透明地攤在每個人的面前。但是，如果團隊的人數過多，大家與其他人之間維持良好溝通的能力往往會受到影響，會有太多彼此相左的意見。這時團隊在社交上與功能上常會分裂成行事、目的不盡相同的次團體，團隊就會失去跨功能性。過去開會只要幾分鐘，現在可能就要幾個小時。

別讓這種事發生，讓團隊保持小巧吧！

Scrum 大師

在帶領第一個Scrum團隊時，我經常會播放橄欖球隊伍黑衫軍（All Blacks）賽前準備的影片給大家觀看。黑衫軍這支傳奇隊伍來自於紐西蘭，是一個企圖心十足的團隊。在每次賽事前，他們會跳毛利人戰士的「哈卡」戰舞。哈卡是一種為準備上戰場的人打氣的戰士舞蹈，你在觀賞它時幾乎

可以感受到每位球員的身上釋放出能量，匯聚為更大的能量。在整齊劃一的踩步、拍手及吟唱下 —— 割斷敵人喉嚨時會舉行的儀式行為，你會覺得這群原本與常人無異的男人，已經把自己轉換為某種更龐大、更堅強的集合體。他們的舉動是召喚出不接受失敗與沮喪的戰士魂。

我的團隊成員是幾個工作狀態有一點問題的電腦程式設計師。觀看幾次影片後，他們總算開始討論自己如何才能變成像黑衫軍那樣。他們找到四個值得效法的層面：第一個層面是，利用毛利人的戰歌建立對於目標的高度專注、激發活力；第二個層面是，百分之百的合作，要肩並肩、身體緊貼，往同一目標前進；第三個層面是，要渴望衝開擋在路線上的所有阻礙，並且予以消除；第四個層面則是，當任何隊員持球突破時都要感到振奮，是誰辦到的並不重要，只要做到這件事就值得慶祝。

所以，我們就依此建立一個由固定期間的衝刺、每日立會，以及檢視（Review）與回顧（Retrospective）等元素構成的運作架構，而且我也意識到團隊中需要有人負責確保流程本身能運作得有效率。我們要的不是管理者 —— 這個人比較像是扮演介於隊長與教練之間的「僕人領袖」角色。在我們每天觀看黑衫軍影片的過程中，我詢問團隊，這個角

色該叫什麼名字比較好？他們決定採用「Scrum大師」這個名字。這個人不管是男是女，都要負責促成會議的召開，確保團隊運作的透明化，還有最重要的是要協助團隊找出影響進度的阻礙。其中的關鍵在於，成員們必須知道阻礙往往不單只是機器不靈光，或是負責會計工作的吉姆不夠聰明，而是還有流程本身。Scrum大師的職責在於引領團隊做到**持續改善**，引導大家經常自問：「我們如何才能把目前在做的事做得更好？」

理想的狀況是，在每個循環（也就是每段衝刺的結尾），團隊能夠仔細自我檢視，看看互動狀況、實際做法及流程，然後問兩個問題：「我們可以如何調整工作方式？」與「我們碰到的最大阻礙是什麼？」假如團隊能夠坦率地回答這些問題，專案的進展速度將會比外人想像得還快。

對事不對人

士氣低落、凝聚力弱、生產力欠佳的團隊，對於人的工作方式往往都會有很根本的錯誤認知。你是不是曾經好幾次一和另一個同事在一起，就開始抱怨第三個人「沒做好份內的工作」、「一直在扯後腿」，或是「決策荒腔走板」？當

你和一群同事碰到問題時，你們做的第一件事是不是試圖歸罪在某人身上？

我敢打賭，你們每一個人一定都開過那種會議；我也敢打賭，你們每一個人不時都會成為其他人口中那個「出差錯的人」。但是我也敢打賭，當你在責備別人時，你常常只是在挑他們個人的毛病；等到別人責備你時，你對於導致問題發生的情境因素認知卻會變得深入許多，也會變得非常清楚為何自己會有那樣的表現。你知道嗎？當你在談論你自己時，你百分之百是對的；但是你在談論別人時，卻犯了人類最常見也最具破壞性的錯誤，那就是論斷別人的行為。甚至還有一個名詞是專門用來形容這種狀況的，就是「基本歸因錯誤」（Fundamental Attribution Error）。

各位可以在約翰・霍蘭德（John Holland）等人的著作《歸納：推斷、學習與發現的過程》（*Induction: Processes of Inference, Learning, and Discovery*）一書中，找到一些與此相關的有趣研究。書裡引用的其中一篇論文發表於1970年代早期，因此這並非新鮮事，這是一而再、再而三反覆上演的老戲碼了。這本書通篇探討的是會影響個人出現某種行為的因素，書中的研究團隊找來一群男大學生，詢問他們幾個簡單的問題：「為何你會選擇就讀這門科系？」「為何你和現

在這個女朋友交往？」接著，研究人員又會詢問受測者同樣的問題，只是這次要他們針對自己好友的狀況回答。前後兩次同樣問題卻出現重大的歧異，當這些學生在回答關於自己的事情時，他們談的不是自己如何，而是針對被問及的問題回答。對於科系，他們會回答像是「化學是未來很有展望的領域」；對於女友，他們會回答「她是一個很溫暖的人」之類的答案。但是，當他們回答關於好友的狀況時，卻是針對朋友的能力與需求給出答案，像是「他的數學一向很好」，或是「他個性有些依賴，需要那種主導性強的女友」。[10]

當你看到別人以這種方式看待這個世界時，你會覺得很好玩。這些人明顯做出錯誤判斷。但是在你嘲笑他們之前，你得承認自己也總是這樣，並沒有什麼不同。每個人都是如此。我們都覺得自己的行事是在因應環境，但卻覺得別人的行事是受到他們自己的個性所觸動。還有一個令人發噱的副作用是，每當有人要我們描述自己的人格特質與朋友的人格特質時，我們總是會把自己講得比實際上平淡許多，我們會覺得自己遠不如朋友有個性。

《歸納：推斷、學習與發現的過程》提到一個有趣的比擬：我們對於社會動機抱持錯誤認知，一如非科學家或只用直覺理解物理的人對於物理世界抱持有色眼光。

一個只憑直覺的物理學家要解釋為何岩石會掉落時，可能會說「石頭本身帶有重力的特性」，而不會去說「重力是作用在石頭上的諸多力量之一」。同理，當我們在談論別人時，也只是談論別人與生俱來的特質，卻不去看那些與外在環境有關的特質。事實上，就是那些與環境間的互動才會促成我們的行為。我們絕大部分的行為都根源於四周環境的系統，而非任何既有特質。設計出Scrum的用意就是要改變這個系統。Scrum不會要大家指責別人或挑出錯誤，而是藉由促使大家集中共事與完成工作來獎勵良好的行為。

1960年代早期，耶魯大學有個「米爾格倫實驗」（Milgram experiment）研究人對於權力的服從，這或許是最能顯現出人類對外在系統會出現這種反應的實驗。

實驗很簡單，但是若以現代的眼光來看或許有些殘酷，而實驗的結果也教人震驚且影響深遠，現在心理系的大一課程中一定都會提到它。在耶魯大學擔任教授的史丹利‧米爾格倫（Stanley Milgram）博士心中，有一個關於當時的疑問。在第一批實驗展開前的三個月，納粹大屠殺的策動者阿道夫‧艾希曼（Adolf Eichmann）出庭接受審判。

關於第二次世界大戰時納粹對猶太人的大屠殺，一個不斷有人提出來的問題是：為什麼會有好幾百萬人甘於淪為

此等慘劇的共犯？大家應該譴責德國人普遍的道德淪喪嗎？德國人的文化元素中是否隱藏著某些邪惡成分？或者這些人其實只是聽命行事而已？我們很容易就以違反人道罪來譴責這些人的行為，但是這麼做真的對嗎？米爾格倫想釐清的問題是，一般美國人的行為會和德國人有那麼大的不同嗎？假如處於相同的狀況下，美國人會有不同行為嗎？或許令人不舒服，但答案是否定的，美國人的行為和德國人並沒有什麼不同。事實上，在多國與多種文化下反覆進行同樣的實驗後，並未發現會有不同於德國人的行為。只要身處於特定的情境下，我們每個人都可能成為納粹的一份子。

人為何鐵石心腸

米爾格倫的實驗是這樣的：某位身穿實驗室白袍的人（外表有科學權威感），要求只是一般民眾的受測者不停對身處於另一個房間的第三人（其實是一個演員）執行電擊，而且電擊的強度會愈來愈高。受測者可以聽到那位演員的聲音，但是卻看不到對方。隨著電擊的強度增加，演員開始尖叫、嘶吼並求饒。最後，那位演員會開始用力撞牆（在某些版本的實驗中，他會告訴受測者自己的心臟有問題），吶喊著希望能夠停止實驗。最後，那個演員就不再發出聲音。

聽到演員吶喊後，有些受測者會在一百三十五伏特處停手，並且詢問這場電擊實驗的用意何在。但是，等到身著實驗室白袍的人向他們保證不必承擔任何責任後，大多數的人都會繼續進行。有些受測者在聽到隔壁房間傳來的痛苦叫喊時，會開始緊張萬分地乾笑。

假如受測者想要停手，「科學家」會對他們說：「請你繼續。」如果受測者不繼續，科學家會再說：「你必須讓這場實驗繼續進行。」如果受測者還是沒有動作，科學家就會再補充道：「你絕對必須繼續下去。」大多數的受測者都會感到極大的壓力，全身汗流浹背。當受測者本能地開始掙扎著是否繼續時，他們的心跳與體溫都會上升。這時如果他們還是不按電擊鈕，科學家就會試著最後一次說：「你別無選擇，必須繼續。」

幾乎所有受測者都照做了，給予一個一直在尖叫的人最後的電擊，也使得對方變得無聲無息。米爾格倫在一篇1974年撰寫的文章〈服從的危險〉（The Perils of Obedience）中，概述這場實驗的意義：

　　就算只是純粹聽命行事、對於他人並無敵意的一般人，一旦處於糟糕的毀滅性程序中，都可

能成為特工。更重要的是，就算自己的工作所造成的毀滅結果已經顯而易見，並且上級要求他們執行基本道德標準所不容許的行為，還是只會有相對少數的人展現反抗權威的勇氣。[11]

當學生們在教室裡討論這個實驗時，老師通常會指出，罪魁禍首在於這些人所處的制度上，而非這些人本身。但是這樣的經驗卻很難內化，畢竟就算你接受上述的事實，和你又有什麼關係呢？

我們都是制度的產物

它和你的關係在於，每個人都是自己所處制度中的生物，而 Scrum 的用意就在於先接受這個現實，進而檢視導致失敗的制度並予以改正，而非找一個人來譴責。

還有另一個顯示出類似現象的實驗，時間是在 1970 年代早期，地點是一個神學院。你可能會認為，神學院的學生應該是世界上最有同情心的人了，對嗎？這個實驗的受測者被告知，他們必須到校園的另一端佈道，有些人會被告知動作要快，因為別人已經在那裡等候，而他們已經遲到了；而有些受測者卻沒有被告知動作要快。當這些受測者穿過校園

時，都會經過一個在門口呻吟、乞求幫助的人身旁。那些已經被告知必須加快動作的人之中，有多少人會停下來伸出援手？答案是10%，這是得知自己必須動作快的神學院學生停下來助人的比例。

但大家還是習慣於譴責個人，而非制度，因為這樣會讓人感覺比較好。基本歸因錯誤會引發我們的正義感，假如我們譴責某人，就像是排除自己做同樣事情的可能性，如同排除自己在同樣情境下也會按下電擊鈕的可能性。

在企業情境中，這種譴責個人而非制度的錯誤又會如何呢？我有兩個好例子可以說明。第一個例子是位於加州佛蒙特的新聯合汽車製造公司（New United Motor Manufacturing, Inc.; NUMMI）的汽車工廠，該公司是由通用汽車與豐田汽車合資成立，工廠在1982年被通用汽車關閉，因為管理階層認為工廠的工人是全美最糟糕的一群，大家在上班時喝酒、上班不到班，還會對車子做一些小破壞（像是把可口可樂的瓶子放在車門裡，等到買主開車時就會發出擾人的聲響）。豐田汽車在1984年重新啟用該工廠。通用汽車告訴他們，工廠原本的工人很糟糕，但是管理階層很出色，應該重新雇用。不過，豐田卻拒絕重新雇用管理者，反倒重新雇用大多數原本的工人，甚至還送其中一部分的工

人到日本學習豐田生產系統。NUMMI工廠幾乎馬上就以與日本工廠同等的精準度，生產出同樣少瑕疵的車子。同樣一群工人，但是制度卻不同。通用汽車在旗下的其他美國工廠從未達到那種水準的品質，於宣告破產的同一年就退出聯合經營協議。

　　我想到的第二個例子就有些不同了。前述的實驗讓我想到的是，人們碰到問題時不尋求解決方案，反而尋找譴責對象的預設心態有多麼嚴重。有一些我共事過的創投業者在決定是否投資一家公司時的判斷標準令我印象深刻。在我首度與OpenView Venture Partners合作時，我發現該公司和大多數的創投公司不同，他們並不在意投資前標的企業過去是如何花錢的，歷史如何並不重要。OpenView Venture Partners只會根據企業的當前狀態決定是否投資，至於其他任何事項，都無關緊要。他們想知道的是未來這家企業會如何花費自己投資的金錢，而非這家企業過去如何花別人的錢，重要的只有未來、只有解決方案而已。

達到「卓越」之境

　　當團隊開始合作無間，看起來會很神奇。你一走進他們所在的房間裡，一看到他們出場，就會覺得他們看起來意氣飛揚；他們已成為超越個人榮辱的群體了。

　　最近我到一個住在哥本哈根的朋友家裡。你可以想像，身為歐洲人的他是個忠實的足球迷。我並不確定他最支持的隊伍在打哪個聯賽，但是賽事很緊湊，我看他跳上跳下，還對著電視大叫。他對於隊伍的表現極度不滿。但是後來關鍵時刻出現了：兩隊分數陷入膠著，時間一分一秒地過去，眼看所剩無幾。這時他支持的隊伍拿到球，一名前鋒把球踢向擋在球門前的一群敵軍，距離或許有四分之一個球場那麼遠，而且根本連看都沒看隊友在哪裡。問題在於，眼前這些人沒有一個人和他同隊，有一瞬間我感覺心都涼了，但是突然間，我朋友支持的那支球隊中，有個球員在適切的時間出現在適切的地點，把那顆球頂進球門。這名球員從中場處全速衝到對手球門前的敵方選手群中，立刻把握機會頂球。完全出其不意。不過，一開始把球踢過去的前鋒，想必深信他的隊友會來到應該來到的地點；而配合的隊友也想必

相信球會被踢到自己能夠使力的地方。就是這種合作無間的表現，才會讓人很愛觀看球賽。

而這也是我希望協助大家透過Scrum能達到的境地。這並非不可能實現，也不是只有精英與運動選手和某些特殊的人才能辦到。只要能制定適切架構、提供適切誘因，並且給予成員們自由、尊重及行事的權力就能做到。卓越不是強求而來的，必須在內部自己形成，而且它就住在我們每個人的心裡。

本章重點摘要

要拉對控制桿。改善團隊績效的影響比改善個人績效的效果大得多，而兩者可能會相差好幾倍。

卓越的目標。傑出團隊都抱持著超越個人層次的目標，像是為麥克阿瑟將軍送行、贏得NBA冠軍等。

自主性。要給予團隊自行決定如何行事的自由，尊重他們的專業。無論是在中東報導革命運動，還是在談生意，現場的因應能力都可能會帶來很大的不同。

跨功能。團隊必須擁有完成一項專案需要的所有技能，不

管是推銷Salesforce.com的軟體，還是逮捕伊拉克的恐怖份子都一樣。

小團隊致勝。小團隊完成工作的速度比大團隊來得快。以經驗法則來說，最適成員人數以七人加減兩人為宜，寧可人少一點。

指責是一種愚行。別數落成員的不是，應該挑出不良制度的毛病，也就是針對那些鼓勵不良行為、獎勵低劣表現的制度挑毛病。

第 4 章

掌握時間的節奏

時間是限制人類行動的終極因素，它影響著所有層面，包括我們能完成的工作量、事情完成的所需時間，乃至於我們能獲致多大的成功。無情地單向流逝的時間之流，基本上會形塑出我們看待這個世界與看待自己的角度。十七世紀的英國詩人安德魯・馬威爾（Andrew Marvell）曾有句名言；「假如世界夠大，時間夠多。」若誠知此言，任何事情都能完成。但是想當然耳，在我們做任何事情時，都無法否認人總有一天會死。我們知道自己的時間有限，因此浪費時間豈不就是罪大惡極嗎？同樣也是馬威爾講的：

　　　　這樣，我們固然無法要太陽停留，
　　　　卻可以要它往前飛奔。[1]

　　但是，我們要如何才能做到呢？在舞台上大喊「活在當下！」鼓舞觀眾很容易，但是要怎麼樣才能真正落實呢？很多作品都教導大家坐下、繫好安全帶，然後投入大量的時間做事。「別去想外面的花花世界，」主管彷彿在暗示我們說：「不要擔心孩子的事，也不要想著衝浪或晚餐 —— 專心在工作上，而且要努力一些，你就會有所回報。你可以升遷，可以完成交易，可以完成專案。」

雖然我並不反對升遷、交易或專案，但是這種工作方式對人類來說真的非常糟糕。我們的集中力很容易渙散，我們花費比需要更多的時間在辦公室，我們也很不善於估算事情完成的所需時間。我說的是所有人 —— 人類都是如此。

　　當年我著手發展Scrum時，並無意於創造新「流程」。我只是想蒐集並仿效過去幾十年來各界針對最佳工作方式的研究結果。我只是想把最佳實務整合在一起，把我看到的任何更好做法偷學起來。就在1993年，我在易守組織第一個真正的Scrum團隊前不久，我在距離麻省理工學院媒體實驗室只有幾個街區的一家公司工作，也從實驗室那裡偷學到後來成為Scrum核心的一個概念：衝刺。

衝刺

　　1990年代早期，媒體實驗室曾提出各式各樣的妙點子。當時全球資訊網才剛誕生，該實驗室的發明包羅萬象，有機器人、促成電子閱讀器問世的電子墨水，也有編碼聲音的新技術。那是一段教人陶醉的時期，我也很喜歡雇用來自該實驗室的學生，因為他們滿腦子都是想法，也有出色的能力做出很酷的東西，而且做得很快。

他們的做事速度來自於媒體實驗室針對所有專案訂定的一套規則：每隔三個星期，每一小組都必須向同儕展示自己目前的工作內容。採取公開展示的形式，任何人都能觀看。假如展示出來的東西既不管用也不酷，媒體實驗室的管理階層就會砍掉該專案。這迫使學生們必須迅速做出新東西，而且最重要的是他們可以得到即時的意見回饋。

不要悶聲埋頭苦幹

想想你做過的許多案子，我敢打賭，一直到你做完它們前，你很少有機會得到意見回饋，你可能要等上好幾個月，甚至好幾年的時間。你可能完全做錯方向，卻毫無所覺，這等於是大肆浪費自己的人生。在商業中，這可能就會決定成敗。我看過太多這種例子了，某家企業花費好幾年的時間完成某個開始時想法似乎滿不錯的專案，但等到專案完成時，市場已經完全改變了。你愈能盡早把東西交給客戶，他們就愈能早點告訴你，這是不是他們需要的。

因此，當我在易守成立第一個Scrum團隊，並且告訴執行長，我不打算製作我們彼此都知道不盡正確卻又冗長而巨細靡遺的甘特圖給他看時，他說：「可以。但是，你要拿什麼給我看？」我告訴他，每個月我會交給他一部分可以操作

的軟體，不是只能在後台操作的東西，也不是架構中的一小部分，而是客戶實際能使用的一部分軟體，一項已經完全建置出來的功能。

「好啊！」他說：「就那麼做。」

於是，我的團隊就展開我們所謂的一段又一段的「衝刺」。之所以會這麼稱呼它，是因為這個名稱可以創造出一種緊張感。我們準備在很短的時間內做出東西，再暫停一會兒，看看進度如何。

用Scrum客製汽車

「維基速度（WIKISPEED）團隊」是由取出這個好名字的喬・傑斯提斯（Joe Justice）所創辦的，任務在於生產汽車。他們製造的汽車，每加侖的油能跑一百哩以上、能在街道上合法行駛、碰撞測試有五星級評價、時速一百四十哩，而且只要花費比豐田Camry還低的價格就能買到。維基速度目前仍持續在改良車輛，但是如果你想買一輛，可以到wikispeed.com付兩萬五千美元，三個月內他們就會交車，而且是透過Scrum完成的。和目前許多的傑出團隊一樣，該團隊把每段衝刺期訂為一週的時間。每週四，團隊成員會齊聚一堂，檢視龐大的產品待辦事項清單，包括新儀表板的原

型設計、方向燈測試等。清單中的事項已排好優先順序，這時他們會說：「好啦！清單已經擬妥，在接下來的這個星期我們能做多少？」他們講的「做」就是要「做完」的意思，也就是百分之百完成。新功能必須能運作，車子必須能開，每星期的每一段衝刺都是如此。

在某個一如往常的星期四，走進維基速度團隊位於西雅圖北部的基地，映入眼簾的是有如某間機械加工廠內部般亂中有序的壯觀景象。我看到成箱的工具、鋸子、電子元件、扣件及扳手。在放置於第三個隔間的半完成車框旁，擺著一台電腦數值控制（Computer Numerical Control, CNC）車床。一旁是鑽床與金屬折彎機，就像兩隻渴望你陪牠們玩耍的小狗一般。在我們造訪的那天，車框上方放著購車客戶提姆‧米爾（Tim Myer）的照片。這個人喜歡爬山、愛吃洋芋片、愛喝汽水，他不喜歡事情不清不楚，也不喜歡凡事沒有選擇，每逢週末你可以在山林間找到他，每隔週一的晚上他會到酒吧跳方塊舞。

在前面第一個隔間的地方，擺放的是維基速度團隊打造的第一輛車。就是這輛車，參加獎金達一千萬美元的省油車（每加侖的油必須能跑一百哩以上）XPrize大賽，結果得到第十名，擊敗來自各大車廠與大學的一百多個競爭隊伍。

該團隊也因此獲邀參加2011年的底特律車展，攤位在會場的正前方，介於Chevy和福特之間。這輛車現在是他們測試新想法的實驗台。

這輛車的旁邊是一面高十二呎的白板牆，占滿整個廠房的側邊。白板上滿是Scrum團隊工作時最常見的東西：便利貼。每一張色彩鮮豔的便利貼上都列出一件待辦事項：「為方向機的模具鑽管」、「準備內飾模具」、「防止輪胎濺水的內襯板」等。

白板劃分為幾個欄位：待辦事項清單、進行中、已完成。在每一段衝刺期間，維基速度的團隊成員都會盡量把自己認為能在未來一週內完成的事項寫在便利貼上，而後貼到「待辦事項清單」項目下。接下來的一週內，會有團隊成員把其中一件事的便利貼移往「進行中」項目下，等完成後會再移往「已完成」項目下。每一位成員都能在任何時刻清楚得知其他成員正在忙什麼。

有一個重點是，除非已經到達客戶能使用的狀態，待辦事項才能移至「已完成」；換句話說，車子需要處於「能開」的狀態才行。假如有人開車後說：「嘿，方向燈沒辦法變換。」在下一段衝刺時就必須處理這個問題。

每一段衝刺就是大家常說的「時間盒」，其長短是固定

的，你不能把這段衝刺設為一個星期，下一段卻設為三個星期，前後必須一致。你應該建立工作節奏，好讓每個人都容易掌握自己在一段時間內能夠完成多少事，而最後的成果通常會讓他們自己感到訝異。

界定任務，避免干擾

　　每一段衝刺還有一個重要元素，就是一旦這個團隊承諾要完成某些事項，他們的任務就鎖定了，團隊以外的任何人都不能再加入任何事情。我會在後面探討其原因，但是此時此刻你只要知道，這種外力的干涉和讓團隊成員分心之舉將會大幅拖慢團隊的速度。

　　我在前面講過，在第一次運用Scrum時，我們把每段衝刺訂為四週。在接近第一段衝刺結束時，我們覺得自己已經夠快了，也覺得我們可以做更多的事。我們看了黑衫軍跳哈卡戰舞、突破敵隊陣線的影片。我們捫心自問：為何我們不學習那種做法？為何我們不培養那樣的精神？我們的目標不只在於成為傑出團隊而已，而是要成為最棒的團隊，我們該怎麼樣才能做到？和先前一樣，我們從別人那裡偷學到很簡單的答案：每天開會。

每日立會

　　在某個我不能明講的其他城市，有一家我不便明說的公司裡，有一個團隊每天都開會研究如何送別人上太空。由於火箭等於是能夠載人的洲際彈道飛彈，私人太空旅行勢必涉及某種程度的安全與機密問題，而這群人是把它當成事業經營，不只是億萬富翁在做白日夢而已。在我寫到這裡時，恰好有另一枚私人火箭第二度停靠在國際太空站。此時此刻，就連美國政府也還沒有這樣的能耐。

　　但是這天在這棟建築裡，這群人正在努力設想該預留多大的空間存放火箭的航空電子設備組。它能顯示火箭目前的方位、正準備前往的目的地，以及前往的方式，你可以把它當成火箭的大腦。

　　有兩個團隊：硬體小組與軟體小組，各有七名成員。兩組人每天會聚集在一面從地板延伸到天花板、左右占滿整面牆的大白板前。如同維基速度團隊一樣，白板上劃分成幾個欄位：待辦事項清單、進行中、已完成。上面只列出團隊在本段衝刺期內必須完成的事項，包括與六家專用電路板供應商的其中一家合作，以決定加速計要如何與火箭的其他部

分溝通。Scrum大師，也就是負責執行流程的人，會詢問團隊成員三個問題：

1. 昨天你做了什麼事協助團隊完成本階段衝刺？
2. 今天你準備做什麼事來協助團隊完成本階段衝刺？
3. 有什麼阻礙團隊前進的因素？

開會的內容就只有這樣。假如開會超過十五分鐘，你就是開錯方法了。每天開會的用意在於讓整個團隊的成員清楚知道，在這一段衝刺期裡每件事的進度。是否所有事項都能在時間內完成？是否可能協助其他團隊成員克服阻礙？主管不分派任務。團隊是自主的，他們主動做事，也無須向上級做詳盡報告。任何管理階層的人或另一個小組的人只要走過白板，看看有關航空電子儀器的Scrum區塊，就會清楚知道每件事目前的狀況。

因此，當我的第一個Scrum團隊希望找出如何才能變成像黑衫軍那樣時，他們著手研究各地最佳團隊如何做事的文獻。軟體開發有個優點，就是先前的開發狀況很糟，已經浪費每年數十億美元的資金，因此大家都會願意花費很多時間來研究原因，凡事也都有資料可查。

曾待過AT&T公司傳奇部門貝爾實驗室的吉姆‧柯普連（Jim Coplien），耗費好幾年的時間檢視軟體產業的行事狀況。他自稱「天空」（The Cope），別人也這麼叫他。他花費多年看過數百個軟體專案，試圖找出為何少部分專案能夠順利完成，絕大多數的專案卻都成為災難。1990年代早期，他受邀前往了解寶蘭軟體（Borland Software）的一個專案，該專案是為微軟的Windows開發一套名為「Quattro Pro」的新款試算表產品。該產品共使用一百萬行程式碼，開發團隊花了三十一個月的時間與八名人力，這表示每位團隊成員每星期平均寫了一千行程式。這樣的紀錄比任何團隊都來得快，吉姆很想知道，他們為什麼能辦到。

溝通飽和度

於是他把該團隊內部的溝通關係全部記錄下來，包括誰和誰交談、資訊從哪裡流入，以及不從哪裡流入等。這類記錄手法在過去就是用於找出瓶頸或資訊囤積處的典型工具。溝通飽和度愈高，就代表每個人對每件事的所知愈多，團隊做事的速度也就會愈快。基本上，這種分析手法所得到的數值，可用於估算團隊成員對於完成工作所必須做到的事項有多了解。寶蘭得到有史以來的最高分：90％。大多數公

司的溝通飽和度都大約落在20%左右。

所以，我們該如何在自己的團隊裡創造出那麼高的溝通飽和度？影響溝通飽和度的因素在於分工程度，即團隊裡的角色與頭銜多寡。假如一個人有某種特殊頭銜，就比較容易只做與該頭銜相配的事。為了維護該職務的權力，他們也比較會將特殊的知識藏私。

因此，我們移除所有的頭銜。我把每個人找進來，要他們把名片撕掉。假如任何人想在履歷表上寫出職稱，僅限於外部使用而已。在這個大家要把工作完成的地方，每個人都只是團隊的一份子。

寶蘭的團隊還有另一項「祕方」：團隊裡的每個成員每天都會見面討論工作的進展。重點在於要把所有人都集合在一個房間裡，這樣一來團隊才有機會針對所面對的挑戰自我調整。假如某人卡在一個問題上，像是加速計與高度計無法聯繫，每個人都很清楚這樣的阻礙將會影響到整段衝刺，因此大家會集思廣益，確保問題能很快獲得解決。

在寶蘭，每日會議至少會召開一個小時。這樣的時間長得讓我留下深刻印象，因此我試圖找出集會時最核心的溝通事項，最後想出上述三個問題。

每日立會三原則

　　這也是每日會議的運作方式，它存在一些規則。每天都要在同一時刻開會，每個人都必須參加。假如無法全員到場，就等於是沒有溝通。一天中的任何時刻都可以，只要是在同一時刻就好，重點在於給團隊一個固定的節奏。

　　第二個規則是，會議不能超過十五分鐘。我們希望會議乾脆、直接並且切中重點。假如有些事需要進一步討論就記錄下來，在每日會議之後再深入探討。這麼做的用意是希望在最短時間裡找出最多用於採取行動的珍貴資訊。

　　第三個規則是，每個人必須積極參與。為了促成此事，我要求每個人都站著開會。這可以讓大家積極交談、持續聆聽，也有助於維持會議的簡短。

　　正因如此，這樣的會議才會稱為「每日立會」或「每日Scrum」。你要怎麼稱呼它其實都不是那麼重要，只要每天在同一時刻召開、同樣詢問那三個問題、每個人都站著，而且把開會時間控制在十五分鐘以內就可以了。

　　我常看到某個意外出現的問題是，大家都傾向於把每日立會當成只是一個向大家報告「我做了這件事……我準

備做那件事」等個人事項的場合，一個人一講完就輪到下一個人講述。更理想的方式應該接近於美式足球，選手圍在一起商討戰術的景象。外接員可能會說：「那個防守前鋒礙到我了。」聽到這句話，進攻絆鋒可能會說：「他就交給我處理，我負責突破防線。」或者四分衛可能會說：「我們的跑陣碰到瓶頸，不如出其不意地把球往左傳。」用意在於讓整個團隊迅速決定如何完成衝刺，取得勝利。被動因應不但懶散，也形同主動拖累團隊裡其他人的表現。一旦找出問題點就必須即刻予以排除。

我要的是企圖心旺盛的團隊，他們在開完每日會議後，都很清楚自己在那天以內必須完成最重要的一件事。有人或許會聽到其他的成員說，某件事得花費一天才能完成，但是另一位成員或許就知道如何幫助對方在一個小時內完成。我希望我的團隊在開完會後，能夠說出「我們一起來把這件事搞定」、「我們一起來做這件事」之類的話。這個團隊必須有追求卓越的企圖心。

不管團隊是大是小，我對他們講的話都是這樣的：「你們真的想要永遠都這麼糟糕嗎？你們的人生就只有這麼一點動力嗎？這是你們的選擇，但是你知道，你可以不必是這副德性。」團隊必須主動以追求卓越為目標。

在我首度成立Scrum團隊的易守公司，我們在第三段衝刺時採用每日立會的做法。我們在會中規劃該衝刺期的四個星期內要做的事，雖然工作量和前一個月相去不遠，但是我們在一個星期內就全部做完了，這是400%的改善。接下來的第一個星期五，整個團隊面面相覷，都說：「哇！」那一刻我就知道我可能抓對重點了。

時間寶貴

從第三段衝刺起，那樣的改善就深植Scrum中。Scrum的設計目標正是要達成這樣的結果。在某些例子裡，我還看過幾個高度有紀律的團隊提升生產力達八倍，這樣的成果也證明了Scrum是革命性的產物。你不但做了更多事，而且做得更快、成本更低，也就是用一半的時間做兩倍的事。而且別忘了，不光是工作上的時間寶貴，你的人生也是由時間組成的，因此浪費時間就形同慢性自殺。

Scrum的功能在於改變你對時間的看法。在參與衝刺和立會一段時間後，你就不會再把時間看成一枝只會往未來直飛的箭，而是某種週期性的東西。每一次的衝刺都是一次嘗試全新做法的機會；每一天都是一次改善的好時機。Scrum

鼓勵大家採取全方位的世界觀。任何承諾參與Scrum的人都會珍惜每一刻，因為時間是一個由呼吸與生活構成的循環。

對於房屋重新翻修的工程所花費的時間，我一向都很沒有信心。內人和我常會相互提醒，所花費的時間與成本一定都是我們所想像的兩倍，這還算是幸運的。我確信你一定也和我一樣聽過這樣的驚悚故事：原本應該在兩個星期做好的廚房工程，最後花了六個星期，迫使全家人吃外食超過一個月；電力工程所花的時間也足足超出預估的三倍；一些重要性較低的事項似乎得花上一輩子才能完成。幾年前，我的一個朋友暨工作夥伴、敏捷思想家易爾克‧魯斯坦堡（Eelco Rustenburg）在晚餐時告訴我，他決定全面翻修他的房子。他打算重新裝潢所有的房間、安裝新管線、購置新設備、重新粉刷每一個地方，而且他打算在六週內搞定。

大家都笑了，紛紛把那些翻修房屋的可怕故事與他分享。「六個星期想要翻修整棟房子？」我邊笑邊說：「那是不可能的，因為我家光是翻修廚房就花了六個星期，他們原本答應用兩個星期完成。我看今年剩下的日子，你都得在飯店裡度過了。」

用Scrum完全掌控裝修進度

「不，」他說：「一定會準時完工，而且符合我的預算。我準備採用Scrum手法施工。」

這倒是教我感到興奮，他竟然想到要把Scrum用在和軟體完全無關的領域。六個月後，我在路上碰到魯斯坦堡，於是問他後來整修的狀況。「太棒了，」他說：「不多不少剛好六個星期。現在換我的鄰居在整修，但那又是另外一個故事了。」

以下是他家的整修狀況。魯斯坦堡決定讓承包商以Scrum團隊的型態施工。他訂出一些以週為單位的專案，承包商必須把專案完成，並移至「已完成」欄位。承包商的拖車就停在他家前院的草皮上，他在那裡放置一塊Scrum板，貼滿他列出待辦任務的便利貼。每天早上，他會召集木匠、電工、水管工人，或是當週衝刺過程中會需要的任何人，大家一起探討前一天做了什麼、今天預計要做什麼，以及有沒有什麼阻礙大家施工的因素。

魯斯坦堡表示，這讓工人們能夠以有別於之前的方式思考，並溝通工程事宜。水管工人與木匠討論雙方該如何合作，才能加快彼此的工作速度。在物料的短缺影響到所有的

工程進度前，工人們就已經發現了，但他說立會最主要促成的是工人們不必再彼此等待。在任何的營建專案中，許多時間都是用來等待某部分的工作完成，才能再接手進行下一件工作。這種有前後關係的工作常涉及不同的技能組合，像是電路施工與安裝灰板。每日立會的用意在於把所有人集合到一個房間裡，讓他們迅速討論出如何才能像一個團隊一樣合作。他們不再是各有一套技能的個體，而是一個努力把整棟房子的待辦任務移到「已完成」欄位下的團隊。

這套方法奏效了。六個星期後工程順利完工。魯斯坦堡全家遷入新居，人生美好。在他講述這些事給我聽時，我很驚訝，但還是恭喜他找到一群出色的承包商。但是，等一等，他還和我說故事到這裡還沒結束。從他家走到下一個街區，有一個鄰居也打算做和魯斯坦堡家幾乎一模一樣的翻修工程。他們兩家都位於荷蘭舊社區，兩棟房子也幾乎是在同一時期、根據同一種設計建造完成的。這位鄰居看到那群承包商把魯斯坦堡家的工程做得這麼棒，以為自己也能讓同樣的魔法重現。

那位鄰居雇用同一批工人，但是這次卻花了三個月才完工。同樣一批人、同樣一種設計的房子、同樣的工程規模。施工時間卻多出一倍，成本當然也多了一倍。唯一的

差別在於，鄰居家沒有使用Scrum，因此很晚才察覺到被Scrum逼得現形的那些問題。工人們未能調整步調朝著同一個方向前進，也被迫必須等待其他人完成工作後，自己才能展開工作。最後，魯斯坦堡的鄰居花費將近兩倍的成本，多出來的部分多半是支付給那些在等待別人完成工作的人。

想想你的工作，有多少時間是浪費在等待他人完成他們的工作、等待資訊到來，或是只因為你同一時間試著做太多事？或許你比較喜歡整天工作，但是我寧願去衝浪。

本章重點摘要

時間有限，請善待它。 把你的工作分割為在已經設定好的一段固定的短時間內能完成的量，最好是以一週至四週為一段。假如你熱衷於Scrum，不妨稱它為「衝刺」。

不展示，就完蛋。 每段衝刺結束時，都要提出已經完成的部分 —— 某種能使用的東西（像是能飛、能開等）。

丟掉你的名片。 頭銜是你專業地位的象徵。應該要讓人知道的是你做什麼事，而非別人怎麼稱呼你。

要讓每個人都知道每件事情的進展。溝通飽和度可提升工作速度。

每天開會。這種全員出席的場合只要一天一次就夠了。大家在每日立會中碰頭十五分鐘，找出有什麼事能加快工作速度，然後去做。

第 5 章

浪費是一種罪

節奏是Scrum的核心，它對於人類而言極為重要。節奏深植在我們大腦最深處，我們的血液汨汨流動時也聽得到節奏聲。我們習於找尋模式，有一股想要在生活中的各個層面找出節奏的衝動。

但是，我們所找到的模式未必會有益，也未必最能為我們帶來幸福。例如，有一些負面節奏會讓人上癮或讓人沮喪。你可以到任何一個辦公大樓的大廳走一走，就會看見這類負面模式造就何種氛圍。在那些因為工作不順而感覺沮喪的人、那些漸漸發現自己身陷於冷漠體制中而暗自感到絕望的人，以及那些不滿公司只把自己當成機器中一個小齒輪的人身上，你或許都能找到負面節奏或模式。

這是身為人類都會體驗到的一種感覺。你可以閱讀幾千年前別人的一些著作，看看他們是如何在一個自己無力反抗的體制中過生活。然而，在20世紀的某個時點，我們似乎也很熟悉這種受困的感覺，尤其是在企業環境中，我們都出現急性的「自我感喪失」症狀，而且似乎命中注定如此。

Scrum要做的就是創造出一種不同的模式，它認同每個人都是習慣的生物，都愛尋找節奏，都有某種程度的可預測性，但是也依然有某種程度的神奇性，能夠實現卓越。我在創造Scrum時的想法是，如果我能找出人類的模式，並把它

們改造成正面，而非負面，不知會有多好？我是不是能設計出一種良性的、自我增強的循環，鼓勵人們發揮最好的部分、減少最糟的部分？我想，自己應該是希望透過為 Scrum 設計以每日、每週計的節奏，為大家創造出一個喜歡鏡子裡那個人的機會。

但是，仍有出乎我意料的陷阱存在，一些看似良性的模式，最後可能只是一文不值的一場鬧劇，最後只有浪費，別無他物。那也是我準備在本章探討的：影響我們工作狀況的浪費之舉，也就是把生產力、組織、人生、社會都吞噬殆盡的癌細胞。

有一天，我在 Scrum 公司面試一位前來應徵的人。我問他為何想到 Scrum 公司工作。他告訴我一個故事：以前他在一家出版教科書與輔助產品的公司服務，輔助產品包括習作、課程教材、簡報等。他的工作是要在特定領域找到位居領導地位的學者，與他們合作產出這些產品。這聽起來還滿有意思的。他是歷史系畢業，研究的是美國殖民時期，在工作中也有機會與這方面的頂尖學者共事。

「我做了一年，」他說：「這一年我開發出數十種不同產品，但是公司在一年的尾聲才首次查看我開發什麼東西，結果這一年中我做出來的東西，有一半被公司捨棄不用。原

因不在於成品不好，而是因為沒有市場，或市場的方向已經改變。我人生中有六個月的時間等於是完全浪費了。」

當時在他的語氣中流露出某種憤慨與惱怒，接著又轉為堅毅。「我希望Scrum可以別讓這種事發生，可以讓我的工作有意義，可以讓我的工作內容真的有成果。」

你可能會覺得50%的浪費太過極端，但事實上這還算是很不錯的。我每到一家公司，常會發現公司內部約有85%的力氣都是白費的，任何已完成的工作只有六分之一真的能產出某些有價值的東西。從我們每天重複的工作節奏來看，我們的內心深處應該都很清楚，事實的確如此。因此，我們在笑話中聽到一家現代公司的離譜行徑與虛擲生命的行事風格時，才會笑得有點心虛。

我在這裡要告訴各位，這一點都不好笑，應該算是可恥。我們理當哀悼自己浪費的生命與可能性。我在本書第一章簡介豐田汽車的大野耐一，他曾如此表示：「這樣的浪費不但是商業損失，更是社會犯罪。」他對於浪費的看法深深影響了我，在這裡我打算多花一些篇幅討論這件事。

大野耐一談到三種不同的浪費，他用的是日文字眼：Muri、Mura、Muda。Muri指的是因為不合理、不恰當導致浪費；Mura指的是因為缺乏一致性導致浪費；Muda指的是

成果欠佳導致浪費。這些想法與戴明的 **PDCA 循環**高度契合，也就是我在前面介紹過的**規劃**、**執行**、**檢核**、**行動**。規劃意謂著要避免 Muri，執行意謂著要避免 Mura，檢核意謂著要避免 Muda，而行動意謂著我們要有意志、動機及決心把這些事做好。接下來我要一次探討其中一個步驟，並指出應該避免什麼，諸如從存貨造成的浪費、第一次沒把事做好而造成的浪費、太過努力工作的浪費，乃至於不合理期待而造成的情感浪費。[1]

一次只做一件事

我常聽到有人吹噓自己同時做很多事的能力，你一定也是如此。就算你沒有自吹自擂，你一定也有這樣的親友或同事，例如：同時處理三個專案的人；一邊開車，一邊講手機的人；大聲抱怨自己每天有多少事要處理，藉以炫耀自己能耐的人等等。這類炫耀自己有多忙的行為，正成為我們工作文化的一部分。現在，你會在企業的工作說明書中看到諸如「必須有能力同時把五個專案做好」之類的要求。

多工的能力似乎很吸引人，在這個資訊會透過一千種管道傳進來、「必須馬上做」的事情也愈來愈多的時代裡尤

其如此。我們都想變成三頭六臂的超人，也告訴自己「我做得到」。但不幸的是，我們根本做不到，我們愈是以為自己做得到，就會做得愈糟。

多工能力只是表象

有一個每天都會出現的多工情境就是很適切的例子：一邊開車，一邊講手機。相關的研究已經調查得很清楚，一邊開車，一邊講手機的人，就算是用免持聽筒接聽電話，和不這麼做的人相比，更容易發生事故。根據美國國家公路交通安全管理局的資訊，狀況就更令人擔憂了：在任何時刻，路上都有8%的人正在講手機。

這都得託多工之福。

以下這段文字是從我最喜歡的一篇相關論文中摘錄出來的：

> ……即便駕駛人的目光看見駕駛環境中的物體，他們在講手機時卻往往視而不見，因為他們的注意力已經偏離外部環境，分散到內心與談話內容相關的某個認知情境了。[2]

真的是這樣，我們的視線雖然放在某個物體、即將撞上車尾的車子，或是即將打滑後撞到的路樹上，但卻視而不見。然而，我們卻還是堅持一邊開車，一邊講手機。

我知道你現在在想什麼。你在想：「別人或許辦不到，但我可是一個高階經理人」，或是「我是一個有頭腦的女性，我辦得到，他們辦不到」之類的事。但是，文獻對此已經有明確的記載：假如你認為自己很行，事實上你比別人還不行。猶他大學已在這方面做過許多有趣的研究，研究人員詢問受測者是否覺得自己擅長多工，像是開車時講手機，並實地測試真切與否，最後得到的結論是：

> 人們對於自己多工能力的認知有嚴重自我膨脹的情形；事實上，大部分的受測者都認為自己的多工能力在平均水準以上。他們的自我評估幾乎沒有事實根據，因此多工做事及最愛在開車時講手機的人，極有可能過於高估自己的能力。[3]

研究報告的主要撰寫人大衛・山伯恩馬茲（David Sanbonmatsu）在2013年1月向國家公共廣播電台的部落格專欄「直擊」（Shots）透露：「人們之所以多工，並不是因

為他們擅長多工，而是因為他們容易分心，他們難以克制自己去做另一件事的衝動。」換句話說，那些多工得最厲害的人沒有辦法專心，他們無法自制。

或許我不該說「他們」，而應該說「我們」。我們都會這樣，我們很難不如此。該記住的重點是，這麼做很愚蠢。以下我要請你做一個簡單的練習，我在開設訓練課程時都會要大家做這件事。這是很簡單的練習，但是可以凸顯出專注與持續的深遠影響、多工對大腦帶來的痛苦，還有在你自以為多工提升速度時，其實是在拖慢速度，也凸顯出多工的傷害有多大。

以下是我要你做的：請寫下1到10的阿拉伯數字、羅馬數字（I、II、III、IV等），以及英文字母A到L，記得計算一下時間，愈快完成愈好。但是第一次請你依序交替寫出阿拉伯數字、羅馬數字，最後再寫英文字母。紙上看起來會是以下這樣：

1	I	A
2	II	B
3	III	C

請照這樣橫著一列一列的寫，並且計算時間。我現在就和你一起寫，我一共花了三十九秒。現在再寫一次，但是不要一列一列寫，而是直的一行一行寫，所以先把阿拉伯數字寫完，再把羅馬數字寫完，最後把英文字母都寫完。我也和你一起寫，我花了十九秒。我們只是改成一次做同一種事、不再相互切換而已，就節省一半的時間。

這時，你會想：好了，薩瑟蘭，我知道你要表達的，你要舉開車講手機為例，或是要大家寫這種莫名其妙的東西，我都不反對，但我是在經營企業，我必須同時做很多事，我必須要求我的團隊同時處理五個專案。我必須維持我的競爭力，我無法不這麼做。

可怕的耗損

在這種時候，針對軟體專案所做出龐大到不可思議的研究數據又再次派上用場了。請記得，之所以會出現這類研究，是因為業者每年一直都有「浪費好幾百萬美元，產品卻愈做愈糟」的問題。因此，這些工程師才會開始檢視資料、記錄所有事項。下頁有一份很棒的圖表，來自於某部關於如何開發電腦軟體的經典之作，是由傑拉爾德・溫伯格（Gerald Weinberg）所寫的《溫伯格的軟體管理學》（*Quality*

同時進行的專案數	各專案獲得的時間比例	環境切換的損失
1	100%	0%
2	40%	20%
3	20%	40%
4	10%	60%
5	5%	75%

Software Management）。[4]

　　表格中「環境切換的損失」（Loss to Context Switching）的部分完完全全就是白費力氣。本來就是這樣，假如你有五個專案，你的工作產出有75%毫無用處，等於把四分之三的時間沖進馬桶裡。在前面的練習中，你無法以同樣的速度橫著寫與直著寫，就是這個道理，原因在於大腦的生理限制。

　　一位名叫哈洛德‧帕施樂（Harold Pashler）的科學家，在1990年代早期證明了這件事，他稱為「雙重任務的干擾」（Dual Task Interference）。他先要求一群受測者做一件非常簡單的事，像是在燈亮起時按下按鈕；接著他又要另一群受測者做同樣的事，但是又加上另一件簡單的任務，像是根據閃燈顏色的不同來按下不同的按鈕。在增加第二項任務後，無論任務的內容再怎麼簡單，花費的時間照樣加倍。

帕施樂的推論是，其中出現了某種處理瓶頸，人們因此一次只能想一件事。他猜想，有某種程度的心力是花費在把一個程序「打包」放到記憶中，再把另一個程序拉出來執行工作。每當人們在不同任務間切換時，就是這樣的過程在耗費時間。5

　　所以，我們根本沒有真的多工，還是一樣一次只能集中在一件事上。你在講手機，就算你和人家在討論的只是順路要去買牛奶，事實上你就是看不到眼前的車子，你的大腦無法同時處理這兩件事。近年來，還有一些研究運用功能性電腦磁振造影（fMRI）記錄大腦實際在思考時的情形。資料顯示，唯有在大腦的左右兩個半葉各處理一個程序時，人們才有可能同時做兩件事。但掃描結果證明，即使是在這樣的狀況下，人的兩種思維依舊並非同時出現，而是由大腦在不同任務間切換而已。基本上，大腦有它的控制功能在，所以人無法自己和自己過於激烈地爭奪主導權。6

　　現在回到工作上。在你企圖同時做多件事時，這代表什麼意義？讓我們以典型的團隊為例子，假設今天這個團隊決定要做三個專案，姑且稱為Ａ案、Ｂ案、Ｃ案。這個團隊在安排今年的工作時，假設要先做一點點Ａ案，再做一點點Ｂ案，再做一點點Ｃ案，這時候的時程看起來如下頁圖所示。

專案的優先順序

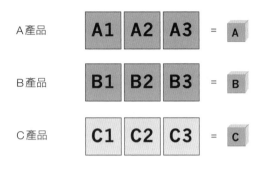

A產品

B產品

C產品

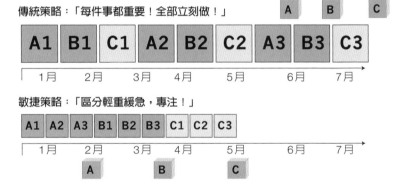

傳統策略:「每件事都重要!全部立刻做!」

敏捷策略:「區分輕重緩急,專注!」

　　在採取傳統策略、試圖同時做每件事時,他們得要到7月底才能完成這三個專案。但是,如果改採Scrum的方式,一次先把一個專案移到「已完成」欄位下,將可把環境切換的成本降到最低,他們在5月初就能完成這三個專案。

　　他們並未調整專案的規模,也沒有調整專案的內容,

只不過是一次專心做一個專案後再換下一個，就變成只要一半再多一點的時間，時間減半。

另外一半的時間呢？原本就是浪費了，沒有再多產出什麼，沒有多省一塊錢，也沒有增加什麼創新的內容。不折不扣就是在浪費生命，形同工作漫無目的。

多工只會增加成本

這正是多工的代價。我們都生活在一個同一時間必須做很多事的時代裡，別人也對我們有各種不同的要求：電話響了，是一通真的很重要的電話；孩子放學回家了；老闆走進辦公室了等等。但我希望各位做的事是，要意識到環境切換是會耗費成本的。這樣的成本確實存在，你應該努力把它降到最低。

假如你正在做一件很複雜的工作，像是寫報告、準備簡報、開發軟體的一部分，或是在寫作書籍，這時你的大腦裡就存放著很複雜的東西。你必須把數十種因素列入考量、你得記得自己已完成什麼、你打算往哪裡走，以及可能的阻礙會是什麼。要做到這樣很花費心力，但是這時如果你被別人打斷，或是必須迅速切換到另一個專案，就算只有一下子，情況會如何呢？你可以想像原本小心翼翼建立的思維架

構就毀了，你可能必須花費好幾個小時的時間才能再回到原本的意識狀態，而成本就在這裡。所以，你應該減少同時做那些特別需要集中力的事情所造成的浪費。把這些事情安排在你能關上手機、掛上「請勿打擾」牌子的時段進行。

已經有一些研究實際證明，多工不但浪費時間，還會讓人變笨。在2005年，有一項由倫敦大學所做的研究[7]（但這確實只是一個沒有同儕審查的小研究），測量多工可能讓人變得多笨。精神科醫師葛林・威爾森（Glenn Wilson）找來四男四女，分別在安靜與令人分心（電話響起、電子郵件寄達）的不同環境下測量其智商。他在實驗中測量受測者的皮膚導電狀況、心跳及血壓。有趣的是，處於令人分心的環境時，受測者的平均智商下降10%以上。更有趣的是，男性受測者下降得比女性還多（或許在某種程度上是因為女性比較習慣分心）。

事情做一半等於沒完成

就如同我先前所言，Scrum的概念有很大一部分取自於大野耐一所寫的《豐田生產方式：追求超脫規模的經營》一書中介紹的日式生產手法。美國把這套模式形容為「精實」

生產。基本上，其想法在於盡可能去除工廠中存在的浪費。雖然現在我們絕大多數的人都不是要改善汽車工廠的生產流程，但是其中的某些想法依然適用於任何型態的工作。

其中一個我想要在這裡介紹的概念是「在製品」，或者有時候只是「存貨」。我要講的是，假如手邊有許多並未用來生產任何東西的材料，就是一種浪費。無論材料是車門或小零件都一樣花成本，如果它還存放在廠房裡，就意謂著有大量的資金卡在並非馬上需要的存貨中。這會讓你改用不同的角度來看待任何「未完成」的事物。例如，一家汽車廠商只擁有許多生產到一半的車子，就等於是花費大筆資金與諸多心力，卻尚未創造出任何實際價值一樣。精實生產的主張是，要盡量減少廠房裡的在製品。

這樣的想法也適用於任何型態的工作。舉一個全球幾乎任何已婚夫妻都會碰到的簡單例子：「甜心交辦事項」清單。在任何一週裡，我的清單上通常會有十項至二十項必須完成的瑣碎任務，從重新油漆浴室、為家裡補充狗食、償還房貸，一直到清掃落葉都包括在內。這是日常生活的一環，也是融入這個社會的必要歷程。有很多方法可以解決這份清單，但你可能犯下的最大錯誤是試圖同時做五件事，這等於是在多工，你很可能無法把每件事完成，反而留下做到一半

的工作。

試想（或者如果你很不幸的話，請回想一下）自己的手邊有四件做到一半的任務：你已經油漆好浴室的一面牆；狗食還在後車廂；償還房貸的支票已經寫好，但是還沒寄出；樹葉已經堆好，但是還沒裝袋。這時，你儘管已經花費心力，卻沒有創造出任何價值。唯有在保護用蓋布與油漆罐已經移出浴室、已經餵了狗、銀行已經收到款項、院子已經確實沒有樹葉等狀況下，價值才會出現。做到一半的事，基本上就等於沒做。

如同我所說的，Scrum讓工作有節奏。在每一輪或是每段衝刺，團隊都要努力完成幾件事，但是「已完成」意謂著能提供給客戶使用的完整功能。假如在衝刺結束時，一件事只做到一半會比你根本沒開始做它來得糟糕，因為你已經投入資源、心力及時間，卻無法提供任何東西。與其做出生產到一半的車子，還不如做些小一點，但是真正管用的東西。

另一種角度是，以實體存貨的角度看待在製品或存貨。同樣以汽車為例，對製造商而言，手邊握有成堆尚未出售的車子是很大的問題；但手邊無車可賣也是另一種問題。因此，每家汽車製造商與經銷商會小心取得兩者之間的平衡，他們會希望最好只生產足夠出售的車輛來維持商品的充

足，但是不能多到投入過度資金在超出銷售限度的產品上。

　　我再加入一點實際數字好了。2012年12月，通用汽車開始裁撤美國部分工廠的人力。這是因為該公司生產過多的車輛。截至當年度的11月底，已有二十四萬五千八百五十三輛大型貨卡停放在全國各地的汽車展銷中心，相當於一百三十九天的產能。以平均價格來計算，這些未出售的車輛共達75億美元，單位是以十億計！這筆錢在這裡已經化為卡車的模樣，但畢竟不是真正的錢，就停放在那裡，未能賣出。因此，通用汽車才會趕在聖誕節前關廠、裁撤人力。

　　一家汽車廠應該保留多少天的存貨？業界的標準是大約六十天，是通用汽車的一半以下。想一想：當你在店裡選購狗食時，你不會想買六個月的份量回家，因為這不但會占據車庫空間，還可能因此花太多錢，導致當月現金不夠支付房貸。

　　現在你可能會覺得，既然他們的車子都已經製造出來了，已經完成那個部分的事情，不是嗎？又不是生產到一半的車子，還有什麼問題？如果你有大批有價值的資源綁在沒有傳遞出價值的東西上，這些資源就無法用來做其他的事，像是從事更多的行銷、推銷更多的產品，或是研究新想法。

你必須保有一定數量的存貨，但是重點在於要盡可能控制在最少的量。

沒完成的工作或無人使用的產品是同一件事的兩面：已付出心力，但沒有正面成果。請你別這麼做。

第一次就把事做對

麻省理工學院精實企業研究院（Lean Enterprise Institute）的創辦人暨多本精實生產書籍作者詹姆斯・沃馬克（James Womack），在他的經典之作《改變世界的機器》（*The Machine That Changed the World*）一書中，談到「事情沒做好，重新再做」的風險。沃馬克及其團隊耗費數年時間造訪全球各地，觀察人類有史以來最龐大的生產活動：汽車製造。他希望從中找出有些公司生產汽車比別人快、瑕疵卻又比別人少的原因。如今任何一家理性的製造商都採用沃馬克定名的「精實生產」，但是回溯當時的狀況卻完全不同。

當時，不同車廠間出現最大差異的部分在於豪華轎車市場。豐田、本田及日產（Nissan）等日本車商平均花16.8個小時生產一輛豪華轎車。零件從廠房的一端送入，在約莫17個小時後就會有一輛凌志（Lexus）問世。每一百輛成品

會出現34處的瑕疵，還算不壞。

但是，歐洲車商就不同了。賓士、奧迪與BMW等製造商則要花費57個小時生產一輛車，每一百輛車有78.8處的瑕疵。

為何歐洲車商要花費這麼久的時間生產？為什麼瑕疵會這麼多？BMW的車子其實名聲並不糟。之所以會造成雙方差距的原因在於，每當在豐田的廠房裡，生產線上出現問題時，任何工人都有權停下整條生產線。出現這種狀況時，所有人都會湧向生產線的停止點，並不是為了責罵停下生產線的人，而是為了解決任何出現的問題，他們不希望從生產線上出去的任何車輛還有必須修正的問題存在。他們只要修正一次，問題就永遠解決了；假如他們不這麼做，同樣的瑕疵就可能會出現在數百輛車子上。

至於歐洲的豪華轎車製造商，當時做事的方法並不同。在生產線的末端，有幾十名身穿實驗室白袍的人四處走動，解決產品的所有問題，他們負責確保車門在關上時都會發出BMW的金屬聲、引擎也能精準發出正確的音色，或是負責確保所有零件都適切地組合在一起。他們不視自己為製造人員，而以打造美麗作品的工匠或師傅自居。當生產的車輛不多時，這麼做很棒，但是在生產車輛是以百萬計時，成

本就會變得更高。正如沃馬克在他書中的描述：

> ……德國工廠解決自己創造出來的問題所耗
> 費的心力，比日本工廠第一次就做出幾近完美的
> 車子需要的心力還多。[8]

你看清楚了嗎？德國人為剛做好的車子解決問題所花費的時間，比日本人第一次就把車子做好的時間還長。這就是為什麼豐田成為全球第一汽車製造商的原因：他們第一次就做對了。

但是，我們不可能永遠在第一次就把事情做到完美。我們都是人，都會犯錯。你處理錯誤的方式，可能會對你把事情做完的速度與成果的品質造成很大的影響。如我所言，在豐田，每位工廠工人都有權停止生產線。此舉背後的想法是，製程需要持續改善，而解決問題的最佳時機就是在你看到問題的當下，而非在問題發生之後。

幾年前我在加州曾和Palm公司的開發人員聊過天。他們開發出最早一批被大家稱為「個人數位助理」（Personal Digital Assistant, PDA）的產品，現在我們都通稱手機了。當時他們自動把工作中做過的每件事都一一加以記錄。他們記

錄的其中一件事是，解決程式缺陷要花費的時間，也就是軟體開發人員在發現自己的程式導致系統出問題時，得花多久的時間解決。每一次電腦都會自動追蹤這件事。

現在假設有一天測試人員在試圖把馬特的程式碼整合到系統時，卻偵測到缺陷。馬特和大多數的軟體開發人員一樣，都不想馬上回頭把程式碼改好，而是答應事後會修改，接著就繼續寫新的程式碼。

在大多數的企業裡，這樣的測試動作甚至不會在寫出程式碼的同一天進行，可能是等到程式碼寫出來幾週、幾個月後才進行測試，問題都是到了那個時候才會發現。但是，Palm公司每天都針對所有程式碼進行自動測試，因此一有問題就會立即察覺。

測試人員決定檢視全公司每一位「馬特」們，亦即數百名開發人員，並分析馬上修正程式缺陷所花費的時間，和幾週後才修正程式缺陷所花費的時間有何不同。不要忘了，軟體是一種頗為複雜、牽連甚廣的產物，你覺得上述兩種改正的時點所花費的時間會相差多少？

答案是相差了二十四倍。假如在出現程式缺陷的當天就改正，或許得花一個小時；但是幾週後才改，就必須花費二十四個小時。這和缺陷是大是小、是複雜是簡單並沒有關

係，只要經過幾週後，就一定得花費二十四倍的時間才能改好。你可以想像，該公司馬上就要求每位軟體開發人員必須在當天把自己的程式碼改好。

我已經談過許多關於人類大腦限制的事，我們能記得的事就是那麼多；我們一次只能集中在一件事上。我們會因為沒有在第一時間改正問題，而必須花費更多的心力，其實也是來自於類似的限制。當你在進行某個專案時，腦中都是和它有關的東西，你很清楚之所以要做某件事的所有原因，這時你的腦子裡存在一個與之相關的複雜架構。想在幾週後重新建立這樣的架構十分困難，你必須先想起你在做決定時納入考量的所有因素，必須重新建立促使你做出該決定的思考流程，必須再度成為當時的自己，把自己拉回到已經不復存在的思維裡。做這些動作都要花費時間，而且還是很長的時間，是你在發現問題的當下就馬上把它改正的二十四倍。

相信各位在自己的工作中已經有過這樣的經驗，而且從中學到的教訓可能是在孩提時期早就有人告訴過你的：第一次就要把事情做對。實驗資料只告訴我們另一件事：假如你犯錯，要在察覺之後盡快改正，否則你將會付出代價。

太努力工作會增加工作

　　1990年代早期，創投公司OpenView的創辦人史考特‧麥斯威爾（Scott Maxwell）過去仍是麥肯錫顧問時，曾有人對他講過一段他覺得很詭異的鼓勵話語。當時公司的一位董事瓊‧卡然巴哈（Jon Katzenbach），現在已是多本書籍的作者暨博思艾倫顧問公司（Booz Allen Hamilton）的卡然巴哈中心（Katzenbach Center）領導者，給了麥斯威爾一些永難忘懷的建議。卡然巴哈對他說，過去1970年代的自己剛出社會時，大家在麥肯錫都是一週工作七天。那是麥肯錫過去的文化，也是公司對員工的期許，假如你不超時工作那麼多小時，公司就會覺得，你沒有把自己份內的工作做好、對團隊毫無貢獻。

　　基於宗教信仰，卡然巴哈一週只工作六天，但是他注意到一件事：雖然他的工作時數較少，事實上卻比別人做了更多的事，而且他所說的別人全是當年那種每天都工作的人。於是，他決定試著一週只工作五天，這次他發現自己做的事變得更多了。他說，工作時間太長，做好的事情就會愈少。他告訴麥斯威爾，自己一直很想試試一週工作四天甚或

三天，看看結果會如何，但他不確定公司是否能接受。

當時麥斯威爾與其他的年輕顧問對這樣的想法嗤之以鼻。減少工時？那不就是在偷懶嗎？但是在麥斯威爾的職涯中，他卻一直記著這樣的想法。身為OpenView的創辦人暨執行長，他開始投資一些公司，其中有幾家採用了Scrum。他聽說Scrum是我發明的，而且我們又住在同一個城市，於是他在某天早上邀我共進早餐。享用咖啡與可頌時，麥斯威爾告訴我，他所投資的其中一家公司，開發團隊導入Scrum後，結果改善25%至35%的生產力，他表示印象深刻。我當下的回應是：「25%至35%？他們肯定用錯了方法！」

麥斯威爾決定在OpenView導入Scrum，在全公司上下實施，從投資人員、研究人員、管理高層到行政人員，每個人都屬於一個Scrum團隊。最後發生一件Scrum所帶來的最棒的事：公司得以知道員工的實際工作狀況，而非他們自己口頭描述的工作狀況。

那時的OpenView和許多大企業一樣，在企業文化裡有一股希望員工加班，以及在週末也工作的期待。該公司的成員都很積極，也很有企圖心，但是他們已經愈來愈精疲力竭、愈來愈憂鬱、士氣也愈來愈低落。工作環境太過操勞，有些人受不了就辭職了。

但是，隨著公司團隊開始採用 Scrum，麥斯威爾也開始注意到生產力的變化趨勢：花費更多的時間工作，並無法產出更多的成果。某天，他把我拉到他辦公室，在白板上畫出如下頁的曲線圖。

　　縱軸代表生產力，橫軸代表每週工時。生產力的最高點實際上落在比每週工作四十小時略少的地方。有了這樣的資料佐證，麥斯威爾開始讓員工早點下班。

　　「我花了一點時間才讓他們知道我是認真的，」麥斯威爾道：「但是最後他們終於接受我的想法。」

　　他開始告訴大家，加班並非奮發的象徵，而是失敗的象徵。「要你們早一點下班，並不是因為我希望你們能過公私均衡的生活，」他向大家表示道：「而是因為你們可以把更多的事情做好。」

　　所以，該公司的員工不再晚回家，也不在週末加班。有人休假時，公司希望他們好好休假，不必查看電子郵件，不必詢問公司有沒有什麼事。按照這樣的思維，假如主管休假時還必須確認公司的一切運作正常，就等於自己沒有把團隊管理好。

　　「很多企業並未設置工時上限，」麥斯威爾道：「但工時和工作成果是有直接關係的。少一點工時可以做完更多

工作減量，產出倍增

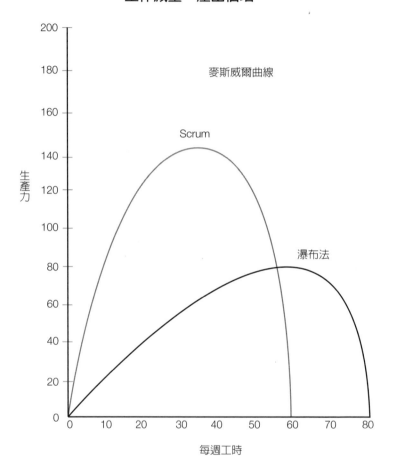

生產力

每週工時

麥斯威爾曲線

Scrum

瀑布法

事、人比較開心、工作品質也比較好。」這是誰都能理解的道理。減少工時不但能完成更多事，品質還能更好。

麥斯威爾認為，每個人的曲線圖都不同。就算是同一個人，在生命中的不同時刻，曲線也會有所不同。「我發現隨著自己的年歲漸長，並且扮演各種不同的角色，我的生產力高點和二十年前的自己相比，已經落在工時較低的地方。」他如此表示。麥斯威爾覺得，身體健康與否、節食、個人事務及其他許多因素都會造成影響。但是他也相信，隨著自己的成長與開始深入思考要如何把工作做好，生產力也會變得在更短的工時內達到高點。「現在的我比過去能掌握更多具有重大影響的機會。」

但是為何一個人的工時減少，卻能做更多的事呢？表面上看起來毫無道理。麥斯威爾表示，工時太長的人會開始犯錯，正如同我們先前得知的，改正錯誤可能會比創造新事物花費更多的時間。工作超出負荷的員工比較不容易集中注意力，而且會開始影響別人也跟著分心，不久之後他們就會開始做出錯誤決策。

卡然巴哈的直覺是對的。有令人不安的證據顯示，我們做決策的能耐很有限，在我們的精力消耗得愈多、休息時間愈短時，我們做出的決策就會愈糟糕。

假釋與三明治

2011年4月，以色列的一群研究人員在《美國國家科學院院刊》（*Proceedings of the National Academy of Sciences of the United States of America*）發表一些關於決策的重要研究結果，值得注意。他們的論文標題是〈司法裁決的外來因素〉（Extraneous Factors in Judicial Decisions），研究中檢視由八名主持兩個假釋裁決委員會的以色列法官所做超過一千項的司法裁決。他們裁決是否假釋的對象包括猶太裔與阿拉伯裔的以色列罪犯，男女皆有，這些罪犯所犯的罪行從侵占、傷害到謀殺、強姦。法官們所審理的絕大多數都是假釋申請。9

這樣聽起來似乎不是太困難的工作，對嗎？這些受人尊敬的法官運用自己多年來的經驗與智慧，做出不但左右囚犯和受害者的人生，也影響社會整體福祉的重大決定。每天他們都會審理十四個至三十五個案件。

假如你是囚犯，足以左右你能否獲釋的最大因素是什麼？或許是真心的懺悔？是你在獄中改過向善與言行？是你所犯罪行的輕重？事實上都不是。真正造成最重要影響的因素在於，法官在審理你的假釋案時，距離他上一回吃三明治

間隔多久的時間。

研究人員檢視法官們做出裁決的時刻、是否批准假釋，以及距離法官們上一回吃點心的時間有多久。當法官剛到場工作、剛休息吃完點心回來，或是剛用完午餐回來時，他們有六成以上會做出較有利於囚犯的裁決；但是快到下一回休息時間時，有利裁決的比例就會下降到零。

基本上，在稍事休息後，法官們進入法庭時的態度都會比較正面，也比較會做出仁慈的裁決。他們對於這個世界，以及人類改變和變得不同的可能性，會展現出比較多想像與包容。但是，在他們儲備的精力用盡後，就會開始做出愈來愈多維持現狀的裁決。

假如你跑去詢問這些法官：是否確信自己每次都做出同樣出色的裁決？他們會覺得你在侮辱人。但是，數字與三明治不會說謊，當我們精疲力盡時，就比較容易做出不完備的決定。

已經有人稱這樣的現象為「自我耗損」。重點在於，做任何選擇都必須耗損心力，那是一種難以言喻的耗損 —— 你在生理上並不覺得疲累，但是你做出妥切決定的能耐會減少。真正改變的是你的自我控制能力，如自制、深思熟慮、預見事情的能力等。

一個有趣的實驗就證明了這件事。有一群研究人員想知道，做決定對自我控制的影響為何，因此他們找來一群攻讀心理學的大學生，並要其中一組受測者做出許多決定。具體的內容是，這些學生必須在研究人員提供的不同產品中挑選自己比較喜愛的。研究人員要他們深思熟慮後再做決定，因為在實驗結束後會致贈他們一樣免費禮物，而受測者的偏好將會左右研究人員送什麼禮物；還有另一組學生則不必做任何決定。[10]

研究人員會詢問受測者一些問題，像是你喜歡哪一種香氛蠟燭，香草還是杏仁？你喜歡哪一種洗髮精品牌？你喜歡這種糖果，還是另一種？問完後，就讓受測者接受最典型的自我控制測試：能夠把手放在冰水裡多久？

在做決定時耗損的資源，也同樣用於自我規範。這些做完所有商品挑選決策的學生們，根本無法像不做決策的對照組學生一樣把手放在冰水裡那麼久。

所以，每天你所能做的完備決策是有限的，做出的決策愈多，就會愈耗損控制自己行為的能力，而後你就會開始一路犯錯，最後犯下嚴重錯誤。正如麥斯威爾所畫的曲線所示，這些不良決策將會影響到生產力。因此，你應該在五點就下班回家，週末關掉手機，看場電影。但最重要的或許是

吃三明治。別工作得太久，你反而能做完更多的事，而且做得更好。

Scrum會要求參與的人破除那種只注重工時長短的思維。時數本身只代表成本而已，應該要關注的是成果。一個人花費多少小時做一件事有什麼好管的？重要的是他做得多快、做得多好。

顧及合理性

大野耐一曾指出，有三種類型的浪費，會導致人們必須在工作中耗費更多超出必要程度的心力與時間。我已經點出為何超時工作很不好，但是若能辨識出這幾種被大野耐一稱為Muri，或者說是「不合理性」的浪費，或許最能促使我們改變。

第一種浪費是「自我矛盾」。你一方面很希望給自己的團隊一些有挑戰性的目標，促使他們成長，但是你也不希望他們追求太過超乎現實而不可能實現的目標。

第二種浪費是「不合理期待」。你是否常聽到有人炫耀由於自己的英雄行徑才挽救了某個專案？別人往往會用拍拍他的背、歡呼或祝賀來示意。我認為這是流程中一種很基本

的瑕疵，經常仰賴英雄出手，趕在截止日期前把專案完成的團隊，就等於平常沒有依照應有的方式運作。一直在從一個危機進入下一個危機，會讓人感到精疲力盡，也無法讓人推動合理而持續的改善。兩者之間就像是牛仔騎馬出現、把女孩從壞人手中救走，以及訓練有素的海軍陸戰排把殲滅區清空的差別。

大野耐一稱第三種浪費為「過勞」。《呆伯特》的作者史考特・亞當斯（Scott Adams）常在作品中諷刺的就是這樣的行為，包括影響員工做事的複雜公司規定、因為非必要的報告而導致員工為了填表格而填表格，以及花時間召開卻又沒有創造任何價值的無意義會議。

雖然大野耐一並未提及，但是還有第四種浪費會浮現在我們心裡，那就是「情感面的浪費」。當公司裡出現一個渾球，某個喜歡激怒別人、造成別人情緒激動的傢伙，就會造成這種浪費。渾球們常會以「我只是試圖敦促別人把工作做得更好」，來合理化自己的行為，但其實他們只是在放任自己性格中負面的部分而已，沒有什麼比這更損害團隊追求卓越的能力。

千萬別當個渾球，也絕對不要容許、支持或接受別人的這種行為。

自然流動

　　在一個理論上完美的世界裡，不需要任何流程、會議、表格或報告，企業能夠精準生產顧客需要的東西，即便顧客自己都還不知道他們要什麼。人們使用的任何「流程」都是多餘的，包括Scrum在內。

　　但是，我們並不住在那樣完美的世界裡，不好的流程也已經在我們的思維裡根深柢固，因此我們會需要最輕量卻又能在工作上創造最大影響的流程做為替代。Scrum的功能就在於，讓我們集中努力去除部分在工作裡似乎已成為必要的無謂浪費。我努力把它設計成最不擾人卻又能讓人集中心神工作的架構。

　　各位在工作中真正追求的是毫不費力的「流動」。在武術或冥想的世界裡，當你和某個動作合而為一後，做這個動作就不再需要耗費心力；能量將不費吹灰之力地通體流動。在你觀賞傑出舞者或歌唱家的表演時，你會覺得他們是在一股大於他們的力量中展現藝術動作，而且像是順著那股力量遊走一樣。我們每個人都該追求在工作中實現那種境界。

　　不過，功夫高手、高僧、舞者或歌劇明星都會告訴

你，流動的根源還是在於紀律。沒有任何多餘的浪費舉動，沒有任何不相干的事物，只是專心發揮人的能耐而已。任何會讓你分心的東西都是浪費的根源。假如你開始從紀律與流動的角度看待工作，你就很有機會做大事。

本章重點摘要

多工使人變笨。一次做超過一件事會拖慢你做這些事的速度，也會讓成果變差。不要這麼做。假如你覺得自己不會這樣，你就錯了。

事情做一半等於沒完成。生產到一半的車子，只耗費原本可以用來創造價值或節省金錢的資源而已。任何「在製」的東西都一樣，只會耗費金錢與心力，卻沒傳遞出任何東西。

第一次就把事做對。當你犯錯時要馬上改正，停下手邊所有事，把它處理好。過一陣子再回來改正，可能會比當下就改正花費二十多倍的時間。

太努力工作會增加工作量。長時間工作並不會讓你做完更多的事，反而讓你做得更少。工作太操勞會導致疲憊，疲

憊就會導致錯誤，迫使你必須改正自己才剛完成的事物。平常和週末都不要加班，只在平日以自己能接受的速度做事，也別忘了要休假。

避免不合理。有挑戰性的目標可以激勵人心；不可能的目標只會打擊人心。

不走英雄主義。假如你需要一個英雄來把事情完成，你就有問題了。靠英雄來解決，應該視為規畫發生問題。

不再忍受莫名其妙的規定。任何讓人覺得離譜的規定，很可能真的很離譜。莫名其妙的表格、莫名其妙的會議、莫名其妙的批准過程、莫名其妙的標準等，真的就是莫名其妙。假如你們辦公室和《呆伯特》漫畫裡的情境很相像，趕快改正它。

拒絕渾球。別當渾球，也別容許渾球行徑。任何會造成別人情緒紊亂、引發恐懼或驚慌、貶抑或輕視他人的傢伙，都必須全面阻止。

追求自然流動。選擇最順暢、最不困難的方式做事，Scrum 就是要盡可能促成這樣的自然流動。

第 **6** 章

計畫要務實，
不要空想

「嘿，薩瑟蘭，我們有麻煩了。」

我的手機對話經常是這樣開始的，大家都在自己把自己逼到牆角時，才會拿起電話打給我。這次打來的是馬克‧蘭迪（Mark Landy），他是藥劑郵購業者美可（Medco）公司的首席軟體工程師。假如你郵購過藥品，很可能就曾和該公司往來。我接到這通電話時，美可是年營收近380億美元的《財星》一百大企業之一，也是全美最大的配藥公司，旗下有幾萬名員工，但是該公司的管理階層才剛把員工逼入絕境。

我是在2006年12月接到這通求救電話的。那年7月，美可的總裁肯尼‧可雷坡（Kenny Klepper）對華爾街宣告他的最新計畫。蘭迪是這麼描述的：「我們一直在努力說服更多人改為郵購藥品，但是中間存在著一些阻礙。」例如，還存在著一些不便之處，但是蘭迪表示有一些方法可以解決。「你看，你如果到藥房去拿藥，幾乎沒有什麼臨床診療的感覺。你只是交出你的處方箋，簽署一張表達你不想和藥劑師交談的放棄聲明，然後就離開了。我們可以改善這種體驗。」

他們想做的是安排藥劑師接病患的電話 —— 這位藥劑師不但熟悉處方箋上提到的藥物，也熟悉所有開給這名病患

的藥物。後面這個部分尤其重要，因為假如病患有糖尿病或心臟病等慢性病，這樣的人有八成都會長期服藥，而且因為他們的年紀多半稍長，絕大多數都會同時服用六種以上的藥物。但他們的醫生畢竟只是不同領域的專家，未必清楚這樣的狀況。

「醫生不見得（經常）會彼此分享資訊。身為藥局的我們卻知道得比醫生多，而且是即時知道，（甚至）還會比健保計畫早得知。」蘭迪說。

所以，可雷坡有了這樣的想法：在全美五個不同地點設立專科藥局，有心臟病藥局、糖尿病藥局、氣喘藥局等。我們可以訓練藥劑師派駐到這些地點，就能得知藥物之間的交互作用、副作用等資訊。由於藥劑師對於病患的狀況有通盤掌握，當服用藥物彼此衝突時，他們就可以通知醫師。比如說某人有糖尿病，他可能會比別人胖，也可能肝有問題，因此這種病患代謝藥物的能力會不太一樣。假如有一個新醫師開了血壓藥，美可的藥劑師會致電給醫師，建議對方幫病患做肝功能檢查，看看是否必須調整劑量。

這套制度的用意在於為美可吸引新客戶，其中絕大多數是針對企業與各種健保計畫。透過這幾家新設藥局，或稱「治療資源中心」（Therapeutic Resource Center），客戶節省

的未必是處方成本，而是整體的醫藥成本。這種成本在病患沒有正確服藥、服藥後但因為不同藥物之間所產生不良的交互作用，或是剛好不適合病患的體質時就會增加。而且美可還保證能節省成本，假如客戶未能省下美可預估的金額，美可就會補足差額。

講得好聽一點，華爾街很喜歡這樣的想法。很酷的想法，不是嗎？既能節省成本，又提供更好的醫療。客戶增加，業績增加，造成雙贏。問題只有一個：雖然可雷坡已經和管理階層確認這個計畫在技術上可行，但他卻沒有掌握到要花多久時間才能完成計畫的細部資訊。實際負責執行的人直到總裁已經向華爾街承諾會在2007年7月7日讓這套新系統上路後才知道這件事，只能赴湯蹈火，在所不惜。

把最終期限訂在那天，對美可來說意義特別重大，因為雖然該公司是第一家推動郵購的藥局，卻不是唯一一家，而且競爭者也都在一旁虎視眈眈。不幸的是，仍有許多障礙必須克服。例如，該公司用來在現場導引的機器人，軟體有很多都已經嚴重過時。在美可的五家龐大廠房裡，有四千名藥劑師負責處理處方箋，有些機器人急馳而過地四處取藥，另一批機器人則負責包裝與郵寄，所有這些系統必須能百分之百精確溝通，否則就可能會鬧出人命。

美可打的如意算盤是，可雷坡的大膽新計畫能讓美可利用這個機會更新過時的系統，在競爭者中維持領先地位。但是，美可足足在六個月後才發現不可能準時完成。根據該公司的估算，在最順利的狀況下系統至少會晚一年上線，很可能還會拖得更久。因此，他們才會打電話給我。

從想像回歸真實

　　為何他們會花費六個月的時間才發現來不及？並非因為他們不夠聰明、指派的團隊不適切，更不是因為用錯技術，也不是因為他們不夠努力或缺乏競爭力。能成為業界中的龍頭企業，不可能會是出於這些原因。

　　原因在於，他們犯下一個非常基本的錯誤。他們以為每件事全都可以事先規劃好，他們花費幾個月的心力製作出看似可行的詳盡計畫，也就是那種圖表做得很精美的計畫，還包括精確而仔細的步驟在內，可惜這種計畫的內容幾乎都只是虛構的現實。

　　如同我先前所言，擬定計畫這件事太誘惑、太吸引人去做了，以致於這個動作本身變得比實際的行動方案還重要。計畫變得比實際狀況重要，但是請謹記：地圖並不能代

表真實地貌。

當一個團隊首度坐下來勾勒專案內容時，會議室內經常彷彿有一股電流通過，大家會感受到有一種可能性，會覺得有新世界可以開拓、有新想法可以嘗試。這真的是世上最棒的一種感受了。

接下來就是從靈感進入估算數字的階段，這時候開始會有一部分的能量逸散。大家會開始思忖，我們要如何從 A 點實際前往 B 點？一旦我們找到方法，又要花多久的時間才能做到？

不幸的是，這個估算階段可能只是一個「垃圾進，垃圾出」（garbage-in/garbage-out）的流程。參與的人員或許很聰明，但他們往往無法體認到自己在計畫圖表中畫出來的，只是一堆一廂情願的期待。

在蘭迪把美可的狀況解釋給我聽後，我回答他：「你們公司問題大了，」我停頓一下，又補上一句道：「但是我相信我們可以解決它。」

就在聖誕節前不久，我搭機前往紐澤西，在美可公司逗留一天，以判定這個案子的規模。這不是一個小案子，有多達上千張的相關文件，內容包括需求概要、法規、各式各樣的報告、階段－關卡，以及品質保證。在這堆紙張中埋藏

著真正必須完成的工作，但是沒有人知道該從何處著手。

　　與該公司的幹部開了一陣子的會議後，我打電話給曾在幾個案子裡合作過的Scrum訓練師布蘭特‧巴頓（Brent Barton）。「巴頓，」我說：「一月初我需要你幫忙，你再盡可能找一些人過來，有事情等著我們做。」

　　根據巴頓日後的描述，他來到美可時，覺得這家公司陷入「僵局」，有許多相關利益與人員彼此爭執，以致於事情毫無進展。第一天，我們和七組人馬見面，每一組都負責案子的一部分，但是沒有一組願意嘗試新東西。他回想道：「但好處是有本錢可以講『該死』，可以在以顧問之姿來到該公司時，運用痛苦與恐懼當成解決問題的幫手。碰到美可員工抗拒什麼時，我們會告訴這些人：『聽好了，你們還是可以用原本的舊方法做事，還是可以堅守現狀，但是你們一定會趕不上交期，那就太棒了。』而這時他們就會回答：『一點也不棒。』」

　　我們做的第一件事是把所有的核心成員叫進會議室，召集所有實際負責把工作完成的人。巴頓告訴大家，請把手邊關於這個案子該完成什麼事項的所有相關文件都列印出來，不要用電子郵件寄送，而是要列印在紙上。

　　大家聚集在偌大的房間裡，單側的牆面約有十五呎

寬，這裡沒有窗戶，就和其他同樣沒有窗戶的房間一樣，散發出一種詭祕感。房間的正中央放著一張桌子，我們把幾個小時前大家帶來的文件全部堆疊起來至少有兩呎高。

「有誰真的把這些東西全部讀過了？」我問道。

現場鴉雀無聲。

「但是你看看這個，」我向其中一位經理說：「你在這裡簽了名，那是你的字跡，難道你沒有實際看過內容嗎？」

現場同樣悶不吭聲，但是氣氛卻變得更加尷尬。

我無意找對方的麻煩，但是事實上我們一再看到大家在專案文件中把資料剪貼進來，或是套用樣板，卻沒有人真的讀過多達幾千頁的文件。他們無力讀完，這才是重點，他們自行設計出一個被迫為幻想背書的系統。

接著，巴頓和我拿出剪刀、膠帶、膠水及便利貼。其實，所有需要用到技能，大家在幼稚園時就已經學過了。

「以下我要各位做的事情是，」巴頓道：「請大家瀏覽這堆文件，把完成這個專案所有真的必須要做的事剪下來，然後貼到牆上。」

因此，大家就在接下來的幾個小時裡照著他的話做。最後，我們在三面牆上貼了成千上萬張的紙片。兩呎高的紙塔卻還有超過一半留在桌面上。藉由複製、樣板及範本做出

來的東西，根本就是百分之百的無用之物。

　　於是，我對這些團隊說：「現在我們必須估算，每張便利貼上列出來的工作要花費多少心力才能完成。」不是估算時間，而是估計心力。

　　我會在本章後段介紹完成這件事的最佳方法，畢竟人類實在極不擅長估算。但是我從眾多較差的方法中挑出一種臨時應急、但最好用的方法給他們，他們就埋首執行了。

　　這項作業花了一段時間，但他們還是完成了。牆上已是他們為完成該專案而必須做到的所有事項，而且已經打散成可以控管的任務，大家也都估算好每件事必須花費的心力。這時候他們其實很亢奮，因為原本根本無從讀起的一堆文件，現在已變成能理解的工作片段。就像一則老笑話講的：「你要怎麼吃掉一頭大象？就是一口一口的吃。」

　　這些便利貼有很多重要用途，其中一項是在上面寫下應完成事項，還要寫出「在何種狀況下可確知已完成」。所有美國食品藥物管理局的法規要求、品質保證以及的程序報告，全都藉此融入專案。我們只不過是把「必須實現哪些目標，才能完成某項任務」都列出來而已。我們在專案的工作項目階段建立這套做法，而非等到事情做完後，才發現與聯邦法令相牴觸或與內部品質標準不符。這可以讓團隊的所有

成員都先把每件事做到符合品質水準，然後再去做下一件事，而非只是由法務人員來把關。此舉大幅減少專案中必須退回重做的工作數量。我把這套非得符合不可的標準稱為「完成的定義」（Definition of Done）。每個人都能清楚知道，一件事算是已完成或未完成，任何一項工作的成果必須符合的標準也都非常明確。

看著牆上這些便利貼，每個人的心中都湧起一股成就感，現在他們已經明白自己該做什麼了。

「好了，」巴頓道：「首先我們要做什麼？」

大概有五個人開口說了。

「然後呢？」

這次又有另外五人講了不同的工作項目。

「再來呢？」

我們要求他們做的事就是：**安排優先順序**，但是其實有時候根本沒有人想做這個動作。大家往往會說每件事都很重要，但巴頓問大家的卻是：什麼事最能為這個專案創造價值？就讓這些事先做吧！

到最後，牆上共留下六列不同的便利貼，每一列用一種不同顏色代表不同團隊，這些工作項目清單貼滿房間的三面牆。現在我確信，至少大家已經可以開始動手做事了。

婚禮規劃

聽我這樣描述好像很簡單，但是容我用婚禮規劃這個在規模上很近似的事件為例，來說明流程中的各個步驟。正式婚禮相當於一個有諸多雜事必須在特定日期時完成的專案，而且如你所知，假如你結過婚或是等你決定結婚時，你就會發現，每件事都會出錯，而且都會花費原本預期的四倍心力才能完成。

當然，情況也可以有不一樣的發展：原本你預期會花費好幾小時才能做好的事，只花十五分鐘就搞定了。然而，一個永遠都教人困擾的問題是：為何我們這麼不擅長估算一件事該花費多久的時間才能完成？

你真的覺得我們有這麼糟嗎？等一下我就要談談婚禮規劃的事，但是現在我要先讓你看一張名字取得極為適切的圖表 ——「不確定性錐形曲線」（Cone of Uncertainty）（見下頁圖）。

如圖所示，一開始預估的工作量從實際工作量的四倍到四分之一都有可能，加起來等於是八倍的誤差範圍。但是，隨著專案進度的推進，愈來愈多的事情塵埃落定，預估

不確定性錐形曲線

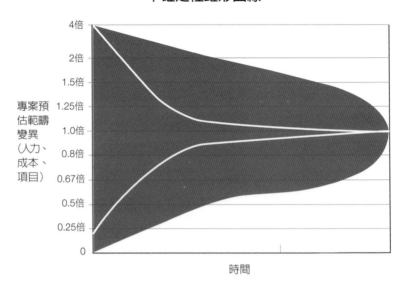

値也會愈來愈趨近於代表實際狀況的那條線，直到再也沒有任何預估、只有實際狀況為止。

現在回頭看看美可公司。他們花費幾個月的時間規劃工作項目，如產品看起來會是什麼樣子、預計多久能做完。但是研究顯示，即便花費好幾個月規劃，預測值與實際值之間還是可能有上下四倍的落差。所以，我才會認為做事時若採用瀑布法規劃真的是蠢得可以。

現在你一定會想：好了，薩瑟蘭，我聽到你說的，我

們都不善於預估。但我還是得做一些事，沒錯吧？我還是必須擬定某種型態的計畫。你說對了，你確實要這麼做。但重點還是在於，要在執行專案的過程中修正計畫，而不是傻傻地全部照做。只要擬定足以再創造出一些新價值的細部計畫即可，專案中剩下的部分就不妨粗估。在 Scrum 中，每段衝刺結束時都必須創造出足以看到、**觸摸到**及展示給顧客的新價值。你可以詢問顧客：「這是你要的嗎？這解決了你至少一部分的問題嗎？我們的方向是對的嗎？」假如答案是否定的，就要修改你的計畫。

所以，你該怎麼做呢？

現在來談談婚禮。第一件事是列出成功的婚禮需要的所有元素。它的內容可能是這樣的：

● 新郎與新娘
● 花
● 喜帖
● 教堂
● 接待區
● 餐點
● 擔任司儀的牧師或神父

- 禮服

- 婚戒

- 音樂（DJ 或樂隊）

　　下一件事是為這些元素排好優先順序。不過，每個人的優先順序不同，每位新娘與新郎在看婚禮時，都有自己的看法。但是，某天我問我的朋友艾力克斯是怎麼安排清單的優先順序？以下是他的版本：

- 新娘與新郎
- 擔任司儀的牧師或神父
- 婚戒
- 接待區
- 喜帖
- 餐點
- 音樂
- 禮服
- 花
- 教堂

做這種練習的用意在於找出真正重要的事，然後優先執行。對艾力克斯而言，餐點與音樂比在教堂舉行婚禮或花來得重要。這樣的資料很重要，因為當你受限於日期或成本時，就知道該從哪裡開始刪減：從清單的底部。我會在第八章探討更多的細節，但是目前你只要知道這些就夠了。

美可的清單占滿大會議室的三面牆，一共有六個團隊要處理數百項工作，但概念是完全相同的：依照價值排序，不管是什麼樣的價值。對美可來說，可能是商業價值；對婚禮來說，則可能是讓新娘開心的價值。

規模，相對比絕對重要

現在你手上已整理出必須完成的工作項目清單，也已經排好優先順序。接下來的工作是，推估整個專案要花費多少心力、時間及資金。正如我一再點出的，人類非常不善於預估事情，但是幸好我們倒是很擅長設定相對規模，也就是比較兩件事之間的相對大小，像是在一堆T恤中挑出S尺寸、M尺寸、L尺寸。

我最愛舉的例子是「狗分數」（Dog Points）。我有個朋友麥可・科恩（Mike Cohn），他是在敏捷思維方面的領導

人物。他很愛狗，雖然他的妻子禁止他養雜種狗。幾年前，他和我一樣努力在尋找讓自己的專案能夠按時完成、不超出預算，以及能精確做好預估的方法。於是，他開始詢問各個團隊，他們的專案規模大小相當於哪一種體型的「狗」？他列出許多品種，像是：

- 拉布拉多
- 梗犬
- 大丹狗
- 貴賓狗
- 臘腸狗
- 德國牧羊犬
- 愛爾蘭塞特犬
- 鬥牛犬

接著他會說：「好，這是一個臘腸狗或大丹狗等級的問題？如果那個問題算是臘腸狗等級，這個問題應該是拉布拉多等級，對嗎？」然後各個團隊就會檢視專案中必須開發的各種功能，並以狗名區分大小。再來科恩會說：「現在大家來幫每一種狗設定一個數值，這樣會比較方便。不如就把臘

腸狗設為1，把大丹狗設為13好了，那麼拉布拉多就是5，
鬥牛犬就是3。」[1]

你可以把同樣的做法運用在我們之前擬定的「婚禮待
辦事項清單」上。例如，找場地這件事，你得做一些功課、
找一些價格資訊，還得去現場勘查，比較複雜一點，不如
就稱為德國牧羊犬等級的問題，相當於5。新娘和新郎呢？
問題不大，兩人只要現身即可，所以是臘腸狗等級，相當
於1，打一通電話就好了。喜帖還滿複雜的，得先擬好賓客
名單，取得男方母親的名單和女方母親的名單，挑選廠商，
印製喜帖，然後手寫地址。這是一個大工程，所以就當作大
丹狗等級，相當於13，或是可以算成兩個大丹狗等級的問
題。不過，假如一件待辦事項大成這樣，最好能再劃分為
可管理的大小。何不把蒐集名單當成一個專案，聯絡廠商當
成另一個專案呢？兩者差不多都是鬥牛犬等級，對嗎？都相
當於3。手寫地址的部分就當成是德國牧羊犬等級，相當於
5。諸如此類。

這就是設定相對規模，只比較任務的大小。只是我們不
使用狗名。但你可能會注意到，這些數字有種規則：1、2、
3、5、8、13。8是前兩個數字的總和，13也是前兩個數字
的總和，這種數列稱為「費氏數列」（Fibonacci sequence）。

無論是鸚鵡螺的外殼、樹木的枝幹、鳳梨或松果的鱗片，大自然中經常可看到這樣的排列方式。在花椰菜上與人類大腦的曲線中也都可以看到，無論你看的是蕨類植物的捲形葉子或銀河的形狀也同樣如此，這是一種仔細想想還滿奇特的現象。

　　這種現象有一個名稱叫做「黃金分割」，或稱「黃金比例」，我們在建築物與藝術作品中都會應用到，從雅典的帕德嫩神廟到突尼西亞的大清真寺都有，我們也用它來決定書

費氏數列就在你身邊

- 費氏數列是一種模式：在一個數列裡，某個數字是前兩個的總和，如0、1、1、2、3、5、8、13、21、34、55……
- 在自然體系裡無所不在，因此人類對此有無數的豐富體驗。

本頁面的大小和形狀，以及撲克牌的長寬比例，人類天生就是會覺得這樣的比例很迷人。但是對 Scrum 來說，必須知道的重點在於，人類對於費氏數列的比例有很深的了解，我們出於本能地熟悉它。

由於費氏數列中的數字彼此之間相差夠多，我們都能輕鬆分辨出數字與數字間的差距，因此很容易在兩者之間選擇其中之一。假如有人估算某件事相當於5，另一件事是8，我們出於直覺就能看出不同。但如果是5和6之間的差距呢？就頗為細微了，細微到我們的大腦無法判別。

目前在用藥方面的研究已經清楚得知，在病患感受到症狀有所改善時，事實上已經改善超過65%。我們比較無法感受到漸次的增加，比較善於察覺從某個狀態跳到另一個狀態，而且是大小不一的跳躍，並非變化不多的跳躍。

用費氏數列估算工作項目的大小，就可以不必追求百分之百精確了。沒有任何事會剛好是5、8或13，但是在使用這些數字時，由於每個人都用大略相同的評判標準，不但可獲取工作規模的資訊，也是大家形成共識的一種方法。

在這種方式下同時估算所有的工作項目，會比單獨估算各個工作項目來得精準許多。

德菲的神諭

現在我們已知道自己善於比較兩樣東西的大小，也知道比較大小可用的最佳比例，但是我們要如何落實呢？為待辦事項清單擬定優先順序很棒，然而我們如何才能知道哪件事是5，哪件事又是8呢？哪個是黃金獵犬，哪個又是雪納瑞？就算某人有一個很棒的想法，我們怎麼知道她的預估值和其他人的預估值是否相互契合？假如她沒有把一些關鍵因素列入考量，又該如何是好？

從眾效應

這不是最近才有的新問題，也不讓人意外。大家已經為這個問題奮鬥幾十年了。問題的一個層面是，團隊裡不同成員掌握的資訊不同；另一個層面是所謂的「從眾效應」（bandwagon effect）。在開會時，你常會有類似的表現。當某人提出某種想法時，大家就會開始討論，即便你一開始並不認同，但你還是會跟著討論，因為整個團隊都在討論。接著大家就同意要繼續發展這個在當時看似滿好的想法，但是發展到最後卻以全面失敗收場。如果你去探究大家對於要推

動這件事有何看法，往往會發現大家其實還是抱持部份保留態度，只是因為他們覺得其他人似乎都很興高采烈，於是才沒有說出口。每個人都以為，當其他人都很贊同某件事時，自己抱持保留態度實在很愚蠢，不然就是自己的資訊有誤。大家都不想要在團隊面前展現出愚蠢的模樣。請注意：這種團體迷思不是個人問題，而是人性的弱點。

在文獻中，把這種效應描述為一種「資訊串流」（informational cascade）。蘇席爾・比克詹達尼（Sushil Bikhchandani）、大衛・赫詩雷佛（David Hirshleifer）、伊佛・維奇（Ivo Welch）在他們的論文〈風潮、流行、習慣與文化變遷的資訊串流理論〉（A Theory of Fads, Fashion, Custom, and Cultural Change as Informational Cascades）中是這麼說的：「資訊串流是指當一個人已經看到前人展現的行為時，對他來說，最佳選擇是無視自己擁有的資訊，轉而跟隨前一個人的做法。」[2]

這幾位作者舉了一個很棒的例子：向期刊投稿文章。假設第一本期刊的編輯退稿，作者又把同一篇文章投到第二本期刊。第二本期刊的編輯得知該篇文章先前已被退稿，就更容易退稿了。如果作者又投稿第三本期刊，編輯得知已經有兩本期刊退稿，退稿的可能性更是大增。人們都會假設別

人做的判斷都很完備，即便別人的判斷與自己的判斷相互牴觸。這樣很不好，當你在預估自己何時能完成斥資數十億美元的專案，或是你在判斷是否來得及為自己的婚禮做好萬全準備時，重要的是做出自己的判斷，再用別人的預估彌補不足之處，而非用別人的判斷來取代自己的判斷。

月暈效應

另一個大家熟知的問題是所謂的「月暈效應」（halo effect），它是指一件事的某項特質影響到人們對其他不相關特質的看法。最早對此進行實證研究的是1920年的愛德華・李・桑代克（Edward Lee Thorndike）。他在自己的經典論文〈心理臆測的常見錯誤〉（A Constant Error in Psychological Ratings）中，要軍官根據不同特質為手下的士兵排名，如體格、智力、領導力、個性等，然後查看某項特質的排名是否會影響另一種特質的排名。他發現不同特質的排名之間有高度密切的關係：當某人的體格排名很高時，他的領導力、智力及個性排名都會很高。多年來也有諸多研究結果支持該研究的論點，像是當某人長相好看時，大家就會覺得這個人既聰明又值得信任。[3]

但是，月暈效應不只會出現在外表好看的人身上，而

是無所不在。例如，研究人員指出，非政府組織就算事實上不是行善的機構，大家也會覺得它們是；車商會先打造一輛「月暈車」，為一系列車款在外界眼中創造好印象；蘋果（Apple）的 iPod 則給人一種蘋果的產品都很酷的印象。

如同從眾效應一樣，聚焦於「月暈」上的人不會去看實際資料，反而會受到有正面色彩的事物所吸引。同樣的，這並非個人意志的問題，而是人性。與其正面交鋒並不睿智，只會像你硬要和地心引力作對一樣。

但我們可以聰明以對。1950 年代，美國政府曾要求蘭德公司（Rand Corporation）回答一些問題在冷戰時期遭人非議、令人恐懼的問題。諾曼・達爾基（Norman Dalkey）與歐拉夫・赫默（Olaf Helmer）在 1963 年發表一篇標題看起來很平和的論文〈透過名為德菲法的實驗性手法運用專家〉（An Experimental Application of the Delphi Method to the Use of Experts），還附上一份很有助益的參考資料「RM-727/1 備忘錄精簡版」（Memorandum RM-727/1-Abridged）。兩人在論文中表示，他們希望專家們在討論問題時，彼此之間的意見不要相互影響，因此他們先找一群專家，包括四名經濟學家、一名實質環境脆弱度專家、一名系統分析師及一名電子工程師。接著他們打算：

徵詢專家意見，判斷在蘇聯的戰略規劃人員
心目中最理想的美國工業目標系統，並預估蘇聯
需要多少枚原子彈才可能減少美國一定數量的軍
需生產。[4]

或者更簡單的說，要詢問的問題就是「蘇聯需要多少
核武才有可能阻止美國生產核武」。在那個年代，大家不但
認為可能發生核武衝突，還覺得可能會打贏。

重點在於，達爾基與赫默不希望專家之間相互影響。
假如其中一人在某家規模較大的大學擔任系主任，而另一人
在另一家規模較小的學院擔任基層教職員呢？如何避免其中
一人的錯誤假設會影響到別人的意見？

兩位研究人員的做法是，進行一系列的匿名意見調
查。參加調查的專家中，沒有一位知道其他人是誰；他們只
負責提供自己的預估。做完一輪調查後，兩位研究人員會拿
著大家回覆的答案與用於佐證的資料，先去除任何足以判別
身分的資訊之後，再回頭提供給這群專家參考，然後反覆進
行這樣的流程。

在第一輪的意見調查中，關於摧毀美國軍事工業所需
的炸彈數量，估計值落在五十枚到五千枚的範圍內（50％信

心水準）。達爾基與赫默在分析答案時，發現專家們的思維有某些共通性存在，包括各項目標的脆弱性、各項工業可重建性、初始儲存量等。接著，兩位研究人員會再詢問專家：這樣的分析是否正確，以及關於所提出來的答案是否有其他的佐證資訊。

這次研究人員得到的資訊包括工廠的耐擊程度、實體環境脆弱性與經濟脆弱性的差異，乃至於生產不同元件的前置時間等。

接著，達爾基與赫默又會把這些資料分享給所有專家，對他們說：「好，現在你們預估的炸彈數變成多少？」這次的範圍縮小到八十九枚至八百枚之間。兩人又重複重樣的動作，一再重複，範圍也愈縮愈小。最後，專家們預估足以摧毀美國軍事工業的蘇聯核彈數目落在一百六十七枚至三百六十枚之間。

該研究始於大到無從預測的範圍，到最後把預估值從一百倍的最大差距縮小到兩倍的最大差距。對決策者而言，這是一套幫助極大的工具，既能讓專家之間取得共識，又不必擔心偏誤的問題。由於太過好用，蘭德公司到今天都還在使用。最近的一個例子是在2011年，該公司使用德菲法預估美國在阿富汗的軍事衝突有多少勝算。假如你想知道的

話，預估的結果是勝算不大。〔譯注：「德菲」（Delphi）是古希臘太陽神阿波羅的神殿，可求神諭。〕

規劃撲克牌

所以，德菲法的優點在於可以廣徵意見，也能盡可能去除偏誤，接收匿名但有充分資訊可供參考的專家意見，還能縮小不同意見之間的歧見，最後得到大家都能接受的預估值。至於它的缺點，對我們來說在於曠日廢時。當我和美可的團隊坐下來討論時，我並未花費任何時間做匿名的意見調查，我希望能在幾個小時內就估算完數百個工作項目，不是幾天，當然更不是幾個星期。

幸運的是，有一套方法可以迅速而精準地取得預估值，這套方法稱為「規劃撲克牌」（Planning Poker）。

它的原理很簡單，每個人都有一副牌，上面寫著本於直覺而耐人尋味的費氏數列，也就是1、3、5、8、13等。把每件需要評估的事在桌上攤開後，大家就從自己的牌中抽出一張認為最符合其複雜度的牌，牌面向下覆蓋在桌上。大家同時翻牌，如果牌與牌的數字差一個級距以內（像是一張5、兩張8、一張13），只要把這幾種牌的數字加總，再取平均值即可（本例來說是6.6），然後繼續討論下一件事。請記住：我們是在講預估值，不是嚴謹到不容更動的計畫，而且我們要估計的是專案化整為零後的小片段。

假如大家的牌上數字相差三個級距以上，牌上的數字最大與最小的人就要說明一下自己為何會如此判斷。說明完畢後，大家再重新執行一次，或是可以直接計算平均值，這會近似於蘭德公司的統計學家算出來的預估值。

以下我舉一個例子：你規劃要重新粉刷房屋內部，你需要估算客廳、廚房及兩間寢室得花多久施作。現在你和一個過去曾一起粉刷過房子的團隊一起預估。一開始先預估兩間寢室，所有人都預估3，大家都沒有異議。過去大家都曾粉刷過寢室，也知道工程很單純。接著要預估客廳，空間頗

大，但還是相當單純。大家預估的數字從5到13都有，最後的平均是6。同樣的，沒必要討論。再來要預估廚房，桌上有一張3、一張8、一張13、一張5。選擇3的人主張，廚房很小，牆面空間甚至比寢室還少；選擇13的人則反駁，認為主要花費時間的地方在於幫櫥櫃與檯面黏貼遮蔽膠帶，而且一些小地方必須用油漆刷處理，不能用滾筒。大家很快又重新出一次牌，這次3的牌變成8，其他人都維持原狀。由於牌面數字夠接近，他們就把數字全部加總後再取平均值，接著繼續討論下一件事。

這種方法簡單到不可思議，卻能避免任何種類的定錨行為，像是前述的從眾效應或月暈效應，還讓整個團隊彼此分享關於特定任務的知識。不過，還是有一個關鍵，就是你必須讓實際著手做事的團隊自行預估，而不是找一些專家來擔任「理想」的預估者。

之前我和賓州一家名為GSI Commerce的電子商務公司合作時，就在這件事上遭受慘痛的教訓。後來eBay買下這家公司。GSI的業務是為Levi's、玩具反斗城、美國職棒大聯盟及贊爾士鑽石（Zales Diamonds）之類的組織設計線上商店，每個專案都不算小，但是GSI相當擅長承作這類大型專案。

但是在那時候，GSI有個看起來好像還不錯的想法：他們打算取消由各個團隊自行預估的做法，把預估的工作移交給公司內部最傑出的預估人員來做，就是那群真正懂得專案內容、懂得技術，又知道必須完成哪些任務的最聰明人才。於是，公司就把一些專案交由這些人預估，得到的結果是這個專案應該花費這麼久的時間、那個案子應該花費那麼久的時間，諸如此類。GSI的計畫是，由這群人為八十個數百萬美元的專案進行預估工作，既為客戶預估，也為實際執行的團隊預估。這聽起來很合理，對嗎？

後來他們才發現這似乎並不是一個好方法，於是在完成四十個專案、剛好在一半的地方就停止這樣的實驗。當時我想起一些中途停止的藥物實驗，就是因為實驗後才發現藥物非但無法治癒病患，反而會對病患有害。GSI指派的專責人員把時間預估得太離譜，用處並不大，沒有一件事及時完成。顧客不開心，團隊士氣低落，根本是一場災難，管理者只好回頭要負責執行任務的團隊自行估算。你看，這一次預估的時程又再次與實際狀況相符了。

我從中學到的教訓是，只有負責執行的人員才知道任務要花費多少時間與心力。或許他們的專家團隊真的很擅長做某種事，但是做起另一種事就很糟糕。或許某位專家在特

定領域的助益很大，但是對於另一個領域的事，這個團隊就沒有人懂了。正如我在前面探討的，團隊都是獨立而獨特的，每個團隊都有自己的步調與節奏，逼迫一個團隊照著安排好的流程走就等於是自取滅亡。

用故事描述任務

在你列出待辦事項時，你很容易只是像我先前講述艾力克斯的婚禮時那樣，只把教堂、花、擔任司儀的牧師或神父、餐點等事項列出來而已。但是問題在於，假如你把其中任何一件事交給一個並不熟知選用白玫瑰與雛菊會造成何種不同效果的團隊處理，你可能無法得到想要的結果。

你曾經碰過幾次別人把工作交辦給你，但是你卻不懂為何得做這件工作的狀況？有人要你查出在 A 範圍內，在月與月之間的銷售變化狀況，要你列出賣場面積在六百平方呎以上的店面，你照做了，但是你卻不明白為何必須做這件事。而且因為這樣，你還可能會提供錯誤的資料、誤解問題，或是對於有人指派給你這種似乎很忙碌的工作而感到憤恨。如果你是管理者，你可能會訝異自己的部下未能馬上理解你正打算關閉小型店面，並且開設大型店面。

問題就出在你沒有取得或給予把這件工作做好的足夠資訊。人們都是用情節、故事在思考，大家都是這樣來理解這個世界。我們比較能掌握人物、欲望及動機這些東西，當我們試圖把個別區段從主線結構中抽離、在原本的情境以外處理它們時就會發生問題。

　　所以，當你在考量一項任務時，會希望思考的第一件事是人物或角色，例如顧客、新娘、讀者、員工等。這項任務是為「誰」而做的？在打造這樣東西、做這項決策、呈交這個部分時，我們應該從誰的角度出發？

　　再來必須考量「什麼」，思考我們起初希望完成的是什麼。這通常也是我們的出發點與終點，但它只是我們該進行流程的中段而已。

　　最後，還必須考量動機。「為何」這個人物想要這個東西？成果為何能服務這名顧客、讓他開心？從某種角度來看，這是最重要的一步，動機會讓每件事染上色彩。

　　我最愛舉的例子是幾年前一則在網路上瘋傳的東西。那只是一張「星艦迷航記」（Enterprise）中企業號的凱畢（Jean-Luc Picard）艦長的圖片，下面附了一段文字：「身為星艦艦長，我希望航行日誌的功能可以自動套用今天的星曆日期……」你仔細想想會覺得很有道理。你難道從不好

奇，在遙遠的未來中一艘星艦的艦長為什麼還必須在寫航行日誌時提到日期？「艦長日誌。星曆4671.7。從軌道上來看，火星是如此可愛……」我們現在在寫日誌時並不必做這件事，為何他得寫？

但這張圖片中沒有回答的關鍵問題是「為何」。為何他想要那種功能？是為了滿足什麼目的？是為了讓日誌都照日期排列嗎？或是出於更嚴肅的原因？是否那些日誌必須設定成無法修改日期，以提供星艦犯罪現場調查官查核之用？這兩種緣由會有很大的不同，一個比較隨性，另一個就是硬性規定了。團隊必須找出真正的用意何在，或許還能藉此想到另一種截然不同的方法來完成這件事，或是提供更多連艦長自己也沒想過，但卻更為切中需求、真正有幫助的資訊。

需求往往會因為人物的不同而改變。例如，假設有一個故事的最後三分之二內容是這樣：「……我想要一輛車，好讓我能開車上班。」好了，假如故事有兩種開頭：一個是「我是居住在郊區的通勤族，……」另一個則是「我是居住在南達科他州荒漠（Badlands）一帶的農夫……」你對於此人心目中理想的車款，就會有截然不同的解讀。

因此，在你安排待辦工作清單的優先順序前，必須先定義未來即將使用你工作成果的人物、使用者或顧客。你要

知道他們的好惡是什麼，他們的熱情、熱誠、沮喪及喜悅又來自於什麼，你還得知道他們的使用動機，他們如何表達自己想要什麼？為何他們會需要車子？他們又要用艦長日誌做什麼？

這也會影響你對事情的預估。他們只要陽春的日曆功能？那很簡單；如果他們想要的是可供法律用途、不容竄改日期的時間戳印，就稍微棘手一點了。

故事，短短就好

不過，在你動手寫故事時，要確保故事真的已經短到足以預測的地步。想想亞馬遜的故事：身為顧客，我要的是一家全球最大的線上書店，好讓我能在任何時刻買到想買的書。這段話確實概括亞馬遜的狀況，但是這個故事實在大到無法用來做任何事，你必須把它拆成小故事，要真的很小。

或許你可以為一家線上書店寫出類似這樣的故事：

「身為顧客，我希望能按照類別瀏覽書籍，好讓我找到我喜歡的那類書。」

「身為顧客，我希望能把書放到購物車中，好

讓我能買它。」

「身為產品經理，我希望能追蹤顧客的購物紀
錄，好讓我能據此向顧客行銷特定書籍。」

這些故事都是團隊可以設想的。大家可以一起討論要
如何實現故事。故事必須具體到足以採取行動，但是不要預
先設定要如何落實。切記，工作如何執行務必由團隊自行決
定，至於成果該是什麼，則取決於商業價值。把構成線上書
店這個想法的所有故事都加以集合，常常可以合稱為「長篇
故事」，一個本身大到無法採取行動的故事，但是它可以分
成多個共同構成一個概念的小故事。

提姆・史托（Tim Stoll）是一個職涯堪稱「包羅萬象」
的人，但是他的工作都有一個重點，就是能讓團隊很快把事
情做好。他曾在伊拉克與阿富汗服役時擔任特種部隊醫務
士、美國CIA承包商，以及追捕重傷害犯的警官，而他現在
是Scrum教練。他說，他一直都是Scrum教練，就算過去他
在帶領特種部隊執行任務時也一樣。

「在特種行動中，」他表示：「我們不用『故事』這個
詞，我們用的是『行動途徑』（Courses of Action），但指的
是同一件事。」

以下是史托可以公開談論關於特種部隊任務的少數故事，那是他到寮國執行醫療任務時的事。「我們有兩個長篇故事：一個是醫療指導，訓練當地部隊學習戰場醫療；另一個則是處理未爆彈的掃雷行動。」

　　身為醫務士，史托負責第一個長篇故事。他說，在那次任務前，他坐下來想過有哪些事需要完成，以及自己該如何安排的小故事。他說，他先想了一些很容易符合 Scrum 架構的想法。

　　「身為特種部隊的醫務士，我必須教學生學會基礎生理學，他們才能了解人體。」

　　史托說，他開始寫故事時就知道自己必須從這件事著手。學生們必須了解骨頭的位置，才能執行任何形式的急救。「我會先教他們長骨的位置，再來是短骨，然後是手腕、腳踝、肌腱、韌帶。」唯有在基本故事完成後，他才會開始進入接骨、清空呼吸道及止血。

　　寫完這些故事後，他就知道需要什麼才能支持自己的教學目標。他需要一個人體骨骼模型，以及一些英文與寮國文的講義。接著他會把事情切分為多個項目，或是稱為「衝刺」。「我花了兩天飛去寮國，再花一個星期做準備，接著分兩階段開設各為期六週的課程。我們必須把學生從基礎教

到成為中級的救護技術員（EMT），而我們也做到了。」

做好準備，完成工作

在你撰寫故事或列出待辦事項清單時，有兩個問題很重要：故事夠完整嗎？你如何才能得知已完成任務？

讓我們以史托的故事做為例子。

> 身為特種部隊的醫務士，我必須教學生學會
> 基礎生理學，他們才能了解人體。

我常用一套口訣來判別故事是否足夠完整。這套口訣是由比爾・維克（Bill Wake）發明的，他常會思索許多有關軟體設計的事。維克表示，任何故事必須符合「INVEST」的標準才算完備：

獨立（Independent）。故事必須有採取行動的可能，而且本身是「可完結」的，不能與另一個故事有所牽扯。

可修改（Negotiable）。只要還沒實際完結，故事

必須可以重寫，要預留修改的餘地。

有價值（Valuable）。故事必須實際為顧客、使用
者或利害關係人傳遞價值。

可估算（Estimable）。必須能掌握大小長短。

規模小（Small）。故事必須小到能夠預估、小到
易於規劃。如果故事太龐大，就看是要重寫或拆解
成多個小故事。

可測試（Testable）。故事還得有一個必須通過的
考驗才算完整，在執行故事前要先設定好考驗。

　　史托的故事是獨立的：他不必考量學生們前往當地所
必須耗費的直昇機燃油之類的事，還是能完成任務。他的故
事是可修改的；他認為自己必須完成的故事是把生理學教給
學生，但如果他到了那裡，發現學生們已經具備這樣的知
識，或是已經懂得一部分的知識，他還是可以改變教學方
法。他的故事有價值：學生們可以學到實際派得上用場的人
體知識。他的故事規模小：只是基礎解剖學，並非如何運用
他教的解剖學動外科手術。他的故事可測試：他很清楚自己
想要傳遞的資訊，也可以對學生進行小考，確認他們是否真
的已經吸收這些資訊。

每個正在實現的故事都應該要有「完備」的定義（像是「它是否符合INVEST標準？」），最後也要有「完成」的定義（像是「必須符合什麼條件、通過什麼考驗才能收工？」）。我們在實際的專案裡發現，如果故事真的寫得夠完備，團隊的執行速度將會加倍。另外，如果故事在一次衝刺後真的已經完成，團隊的速度又會再次加倍。這是得以實現我講的「用一半的時間做兩倍的事」願景的其中一招。

衝刺規劃

　　實施Scrum時，每段衝刺都會有這樣的規劃，稱為「衝刺規劃」（Sprint Planning）會議。所有人齊聚一堂，檢視必須完成的故事清單，然後說：「好了，我們在這段衝刺中能完成什麼？這些故事已經完備了嗎？在衝刺結束時能完成它們嗎？到時候能對顧客展示出實際價值嗎？」

　　回答這些問題的關鍵就在於，團隊的速度能有多快。

掌握自己的速度

我們終於可以開始回答事情何時能做完的問題，因為現在我們已得知如何衡量團隊的實際工作內容；我們手邊掌握所有的故事，也就是那些必須完成的工作；我們也已經估算過複雜度，評定這件工作是8、這件工作是3，諸如此類。再來我們就會展開第一段衝刺，假設它是一個星期，在這個星期的最後，我們可以把所有已完成的故事列出來、加總它們先前預估的得點，根據所得到的數字就知道團隊做得有多快，也就是團隊的速度。得知速度後，可以看看手邊還有多少待完成的故事，以及它們的得點有多少，就能估算出整個專案何時可完工。

另外，得知速度也有助於找出實施Scrum時最重要的一件事：什麼是促使團隊做得更快的因素？什麼是讓團隊無法加速的因素？我曾在前一章探討浪費，探討拖慢團隊速度的事項，現在你可以看看自己是否真的已經擺脫那樣的浪費。

再回到本章開頭的美可公司。在我們估算完所有的工作後，我和負責該專案的管理高層坐下來討論，包括擔任不同事業單位總經理的幾位副總裁與一位資深副總裁。

我們在會議桌旁坐下，那位資深副總裁只有一個問

題：「你們能讓專案在原本的期限前完成嗎？」他問道，一邊把手用力在桌上一拍。

「我不知道，」我說：「但是可以趕上你們的人提出來的修正期限，不然可以把錢退給你們。」

「還不夠好！你們能否趕上原本的期限？」

「我今天無法回答你。我們必須讓團隊動起來，才能得知他們的速度。我來告訴你吧！我會在六個星期內告訴你完成日期，而且肯定不會是你想要的日期。不過，」我很快在他打斷前接著說：「我也會給你一份影響團隊前進的事項清單。那是一份障礙清單，造成他們無法達成你們承諾華爾街的7月期限，而你的工作就是要盡快予以排除。」

他笑道：「障礙！沒問題，薩瑟蘭，我以前就在豐田汽車工作。」

我也笑著說：「這個專案看起來搞定了。」

我知道他一定認同大野耐一對於浪費的分類方式，也肯定知道事情要如何運作。他了解，去除浪費是提升團隊速度的關鍵。

在估算團隊速度的三段衝刺期間，每段衝刺完成的故事得點從20提升到60，已經足以讓我推算出大概何時能完工。由於當時是3月初，在這樣的速度下，各團隊還需要

九十二個星期的衝刺才能完成，也就是12月1日。

　　管理高層並不滿意，這還不夠好，不能在7月1日完工，就會完蛋，一切已經迫在眉睫了。

　　當時我也交給他們一張列出十二項阻礙的便條紙，內容包括未授權員工做決定、技術需求過於繁複、有人開會沒出現，乃至於沒有讓團隊所有成員在同一間辦公室工作之類的單純事項。流程、員工的個性及程序都有一些問題，而任何一家公司都很常見到諸如此類的狀況。

　　這些阻礙看來似乎難以排除。你曾有多少次環視自己的工作空間，心裡想著：我們都是這麼做的，我們一向都是這麼做的，大家也都知道這種做法很愚蠢。但是，大家卻出於某些理由，認為企業文化不可能會改變。以前我認同這種論調，尤其是那種文化與政策已經僵化的大企業。

　　然而，美可公司證明我是錯的，現在我不會再抱持自己那種舊有的思維了。該公司那位豐田汽車出身的資深副總裁在星期一把我交出來那份清單傳給全體員工，每項阻礙的後面都列出一位經理的名字，結果在星期四，所有的阻礙全都排除了。

　　或許人們有時候會需要有人把槍抵在他們的頭上，他們才會產生改變的動機，但是這也證明只要意志堅決（或是

只要公司的掌權者來自豐田汽車）還是能做得到。沒有什麼是亙古不變的，凡事都要質疑。

衝刺，再衝刺！

在下一段衝刺結束時，團隊的速度已提升50%。新的預估完成日期也變成9月1日。雖然每段衝刺的完成得點從20提升到90，已經成長超過400%，預估的交期卻還是會晚三個月。

同樣還是不夠好。

因此，巴頓和我把所有的人找來，包括工程、行銷、企業分析、法務及管理人員在內。他們都很害怕萬一這件事無法搞定，自己的工作與職涯將因而不保。於是，我問了他們三個問題：

1. 有沒有什麼事情只要改變做法就能提升速度？

工程團隊的主管說：「上一段衝刺到一半的時候，資訊技術安全人員關閉一個網路連接埠，導致印度與巴西的團隊無法完成任何事。」

「嗯，這個問題應該排除了，不是嗎？」我狐疑地問道。工程主管看向坐在桌子較遠處的資訊技術主管。

他們認為，這個問題解決後可以把完成時間再提前一個月。但這樣還是超過兩個月。

2. 有沒有什麼事情可以從待辦事項清單中移除？有沒有可以交由其他團隊代做的事？

   沒有人提出任何好想法。

3. 有沒有什麼事是不必做的？是否能把專案的規模縮小一些？

   一開始他們和我說不可能，說需求已經砍到見骨了。

   我說，好吧！但大家還是利用下午的時間刪除看看，每一項任務都必須接受是否存續的審判。

雖然我們花費幾小時做這件事，但卻成功省下另一個月的時間。

這時候我說，好吧！現在還是晚了一個月，假如我們不能再找出其他可以節省時間的地方，就必須告訴管理高層無法如期交件了。

「不，」大家異口同聲道：「我們都會被開除。是不是要重新審視一下這三個問題？」我建議大家和管理團隊碰面，這不光是我們的問題，也是他們的問題，他們應該幫得上忙。

這場會議的時間很簡短，管理團隊檢視狀況後表示：「我們非得在7月1日交件不可，或許可以先讓其中一家工廠、其中一個中心或其中幾個上線？這可行嗎？」他們有些吞吞吐吐，但還是把一些事又重新安排，總算確定可以減少一些必要的功能，趕上總裁向華爾街承諾在2007年7月上線的時間。

　　在會議的尾聲，資深副總裁只說：「勝利在望。如果又碰到任何問題，隨時打電話給我們。」

　　那年夏天，美可的股價讓人驚豔。在我們開始建立基礎架構時，股價就開始往上揚；我們完成時，股價還在上漲，美可的市值上漲了數十億美元，美可的股價在那一年內從25美元漲破50美元。華爾街認為該公司將會持續成長、將吸引新顧客上門，也將在產業裡維持領導地位。回顧當時，我實在應該索取市值上漲幅度的某個百分比做為酬勞，而非收取固定一筆費用。

　　幾年後，美可又使用Scrum打造名為「美可2.0」的架構。他們重新建構公司的每個部分，設計得更為實在牢靠，還有新工廠、新機器人、新流程及更為自動化。當時擔任該公司技術長的蘭迪表示，如果沒有先前治療資源中心的經驗，他們根本不可能完成這件事。「公司就不可能讓我們在

全公司推動。但是，我們對整個組織很有信心，不管是開發、營運、財務或臨床診斷方面，我們得以打造出一套新文化。」他說，這是Scrum最重要的部分：Scrum改變了人們工作環境中原本可能讓某些人感到害怕的文化。他表示，該公司確實必須裁撤一些無法適應的人，並非是因為這些人不適任，而是因為他們為了確保自己地位之類的個人利益而私藏資訊和知識，不幫助團隊與公司。該公司之所以能夠實現卓越，要歸功於改變那樣的文化。

本章重點摘要

地圖並不代表實際地貌。別愛上自己的計畫，它十之八九會有問題。

只規劃必須做的事。別試圖規劃未來幾年內的某件事，只要規劃足以讓團隊忙碌的計畫即可。

它是哪種狗？預估進度時別用「小時」之類的絕對單位。事實已經證明，人類很不擅長做估計。要預估相對複雜度，它是哪一種品種的狗？哪一種大小的T恤（S、M、L、XL、XXL）？或是更簡單一點，就用費氏數列的數字來

估算。

問問神諭。使用匿名估算的技巧，像是德菲法，以避免月暈效應或從眾效應等定錨偏誤，或是純粹的團體迷思出現。

運用撲克牌。使用規劃撲克牌迅速估算出必須完成的工作。

工作就是故事。先想想誰會從某些事中得到價值，再想想那是什麼價值，以及這些人為何會需要這些價值。人們都是用情節來思考的，就為他們編一個故事吧！身為X，我想要Y，所以Z。

了解自己的速度。每個團隊都應該具體知道自己在每段衝刺中能完成多少工作，並且藉由採用更聰明的工作方法與去除拖慢速度的障礙，能夠改善多少速度。

速度 × 時間＝交期。得知工作速度，就能算出完成日。

設定大膽目標。有了Scrum，要讓生產力翻倍或交期減半並不是那麼困難。只要以正確方式實施Scrum，營收與股價應該也會翻倍。

第 7 章

快樂是過程，
也是指標

人人都想要快樂（或稱滿意、滿足），不是那種自我滿足、安於現狀般的快樂，而是更為積極有活力的快樂。美國第三任總統傑佛遜就是一位鼓勵大家多追求目標來贏得快樂的人。追求目標似乎真的能讓我們快樂。事實上，Scrum只要執行得宜，也能讓員工、顧客、管理者及股東都快樂（通常是依照我講的順序發生）。

快樂何處尋

真正的快樂並不會輕易出現。我曾碰過一位山友，他賣給我一張喜馬拉雅山山頂的日落照片，那是他在白天時獨自一人太晚抵達珠穆朗瑪峰山頂後不久拍的。那時他似乎來不及在天黑前返回營地，如果真是如此，他肯定會因此凍死。照片傳達出的悲涼感也反映出他當時的感受，他因而寫下遺言：他很開心自己能夠攻頂，雖然任何看到這段文字的人將會發現他已死去。

假如你找登山客聊聊他們的遠征行動，他們不會和你談太多抵達山頂時的感受，反而會和你聊寒冷的氣候、痛楚的水泡、粗糙的食物、惡劣的狀況及笨重的裝備。他們還會告訴你，在攻頂的歡欣喜悅後通常會有一陣沮喪（除非一

直處在瀕死體驗中）。他們完成目標，他們的奮鬥實現某些事。但如果你問他們最令人快樂的是什麼，他們會說快樂是來自於努力的過程，把自己的身體、心理及精神狀態發揮到極限。這樣的過程最讓他們開心，最讓他們感受到真正的快樂，而這是他們希望再次體驗到的。乍看之下，不會有任何神智清醒的人願意再次讓自己陷入那樣的狀態；但是登山客似乎無法自抑，他們就是不斷挑戰著一座又一座的山岳，在追逐下一座頂峰的過程中找尋喜悅。

最讓人驚奇的是，大多數的文化中都不存在著獎勵或鼓勵這種快樂的成分。在哈佛大學開設熱門課程「正向心理學」的塔爾・班夏哈（Tal Ben-Shahar）教授，在他的著作《更快樂：哈佛最受歡迎的一堂課》（*Happier*）中寫道：「會受到獎勵的不是享受旅程這件事，而是完成一趟旅程。這個社會只獎勵結果，而不獎勵過程；只獎勵抵達目的地，而不獎勵旅程。」

然而，我們每天的生活幾乎都是由旅程組成的。我們不會每天都登上山頂、不會每天都成功，也不會每天都贏得巨額獎金。我們大多數的日子都是在朝著目標努力，無論那是什麼樣的目標。企業的目標或許是開發出下一款出色的商品、用它來改善人們的生活，或是解決讓這個世界困擾的問

題。但是，如果我們只有在做出成果時才得到獎勵，過程完全被忽視，我們的日子會過得很不開心。

1980年代早期，我首度離開學術圈，轉而進入商業界時，就負責帶領數十位過得很不開心的電腦程式設計師。他們的專案總是逾時交件、超出預算，並且最後只能做出堪用的東西。他們的情緒很負面，以致於辦公室裡的氛圍讓大家都很沮喪。他們用於寫程式的流程很不齊備，根本沒有成功的可能。過去三十年來，我一直都在處理這類問題。

當我成立自己的第一個Scrum團隊時，我才真正體認到快樂的重要性。我意識到自己必須處理團隊成員的情緒狀態與心智狀態的問題。身為西點軍校訓練出身的戰鬥機飛行員，我對這件事需要一些調適。過去比較習慣一板一眼、實事求是又講究科學的我，確實花費了好一番工夫才發現，我必須先改變自己，才可能順利把權力下放給員工，讓他們把生活改善得更好。在推動第一個Scrum團隊的過程中，我意識到真正的卓越深植於快樂之中。人必須先快樂，才能踏出成功的第一步。

這聽起來有點新潮，或者好像我等一下就會要求各位坐在營火旁，大唱古老的童軍歌「到這裡來」（Kumbayah）一樣。我想我應該讓各位知道一下，早年我在幾家新創顧問

公司服務時，那些共事的創投業者們都以為我是來自舊金山的花之子（flower child；譯注：源自 1960 年代嬉皮文化，聚集在舊金山的反越戰年輕人藉由身上配花並致贈路人花朵，以表達花所象徵的和平與愛）。在他們的世界觀裡，權力下放永遠行不通。當然，在那段期間裡我是新創公司聘請的資深顧問，我講的話也常被當成神諭般看待。當他們碰到難以解決的問題時，就會向神諭尋求解答。他們未必期待我的答案一定會管用，他們只是照著試試看，卻意外發現我給的建議經常都很有用。

那是因為快樂對企業來說很重要，事實上，快樂是一個適合預測營收的領先指標，更勝於公司財務長所能提供的絕大多數指標。我會在本章探討快樂對獲利有多重要，以及企業該如何掌握快樂、測量快樂、應用快樂。這是一種禁得起檢驗的快樂。

或許在發展 Scrum 後，我已經成為一個比過去更好的人，也讓我的家人與我比過去更快樂。但是身為商業界人士暨科學家，我喜歡確切的數據。

快樂就能成功

　　相關的研究事證再明確不過了：快樂的人可以把事情做得更好，無論在家裡、在公司裡，還是在生活中。這樣的人可以賺到更多收入、找到更好的工作、可以從大學畢業，也比較長壽。結果頗為顯著，幾乎可以說這樣的人普遍都會把事情做得比別人好。

　　快樂的人賣東西賣得比別人多、收入比別人好、成本比別人低，更不容易離職，而且更健康、更長壽。2005年，有人針對逾二十七萬五千人參與的兩百二十五份文獻進行後設分析並寫成論文，其中提及：

> 　　快樂能促使我們在生活中幾乎所有層面成功，包括婚姻、健康、友誼、社群參與、創造力，特別是在工作、職涯及事業。[1]

　　這群後設分析人員指出，覺得快樂的人更容易得到工作面試機會、能夠贏得主管更高的正面評價、績效與生產力比別人更出色，也會是更好的管理者。

但接下來才是真正有趣之處。從直覺來看，快樂的人更能幹是合理的：他們就是因為自己成功才快樂，對吧？大錯特錯。同一項後設分析提到：「多項研究一再證明，快樂會比重大成果或傑出的經營數字先出現。」

　　這是真的，人並非因為成功而快樂，而是因為快樂才成功。快樂是預測性的指標，就算人們只是比原本快樂一點，績效也會有所改善，至少暫時如此。即便只是多一點快樂，都能明顯提升成果。不必像婚禮那天雀躍萬分也無妨，只要比本來快樂一點就好了。當然，快樂增加得更多，效果也就愈大。但是，我希望各位在這裡得到的訊息很簡單：一點小動作就能創造大效用。Scrum正是聚焦在這些小事情上，有系統地把它們打造為一座用於構築成功的鷹架，光是一次只做一件事，就能實際改變世界。

　　我會提供一套用於測量快樂程度的工具箱，你可以用在自己、你的團隊、你的公司、你的家人，或是用在你剛好有機會共事的組織上。這正是Scrum在做的，忘了那些用於建立信任的活動，你還不如在每天的生活中建立信任。我也希望你們能測量快樂的程度，只是「覺得」大家很快樂是不夠的，你們要有科學精神予以量化，要用快樂來創造績效。如果快樂不能轉換為績效，就有問題了，和你同事一起上酒

吧培養感情很好，但是如果這樣的感情無法轉變為更高的績效，對公司的幫助就不大。我有很多純粹一起找樂子的朋友，但是針對團隊的同事，我希望社交的成果能直接反映在績效上，而我們也做到了。

量化快樂

我們要如何讓自己、員工及團隊的同事快樂？我們要如何把那種快樂轉換為更高的生產力與營收？

要回答這些問題，首先要把各位帶回豐田與大野耐一去除浪費的那場聖戰裡。為了去除浪費，他們想到的做法是「持續改善」。目標並不在於達成某種程度的生產力並加以維持，而在於時常檢視自己的流程、追求不時的改善，還要永遠繼續。當然，完美的境地永遠不可能實現，但任何朝向完美邁進的小小進步都是值得的。

正如工作必須分為可管理的區塊，以及時間必須切分為可管理的片段一樣，改善的作業也必須分解為一次一個步驟。以日文來說，用的字眼是kaizen，意指「改善」。有什麼能馬上著手進行、足以讓事態變得更好的小改善？

衝刺回顧與滿意指標

在實施Scrum時，每段衝刺結束時會透過「衝刺回顧」（Sprint Retrospective）評估這件事。在團隊展示出在先前衝刺中已經創造的成果，也就是展現出事情「已完成」，也足以傳遞給顧客、徵求回饋意見後，大家就會坐下來想想還有哪些事執行得很順利、有哪些事應該做得更好，以及在下一段衝刺中可以再改善什麼。在流程中有什麼改善是團隊可以馬上著手推動的？

要讓衝刺回顧會議有效率，需要的是某種程度的情感成熟度與信任的氛圍。應該記住的重點是，大家不是要找一個人出來責罵，要檢視的應該是流程本身。為何那件事會在那種情形下發生？為何我們沒注意到？我們要如何才能加快進度？關鍵在於，整個團隊要一起為流程與結果負起責任，也要一起找出解決方案。大家還必須有勇氣提出那些真正造成團隊的困擾，但是可藉由找出解決方案加以處理的問題，而非只發表一些指控性的言論。而團隊的其他成員也必須能成熟聆聽，並接納回饋意見，同時為尋求解決方案，而非只為自己辯解。

回顧會議就相當於戴明的PDCA循環中「檢核」（C）

的部分。重點在於進入「行動」（A），也就是改善的部分。唯有如此，才能真正改變流程，讓它在下一段衝刺裡變得更好。只分享自己的感受是不夠的，還必須採取行動。

我發現一種用於掌握這方面狀況的最佳方式，稱為「滿意指標」（Happiness Metric）。這是一種很簡單卻又極為有效的方法，可以勾勒出應有的改善內容，還能得知哪一項改善最能讓大家滿意。我已經藉此創造出可觀的成果。

以下是實際的運作方式。在每段衝刺結束時，請所有團隊成員回答以下幾個問題：

1. 你是否滿意自己在公司裡扮演的角色？請以1分至5分打分數。
2. 同樣以1分至5分打分數，你對公司整體的滿意度如何？
3. 為何你會那麼覺得？
4. 在下一段衝刺中，有哪件事能讓你感到更滿意？

就這樣。這些問題只要幾分鐘就能答完，由團隊裡的每個人輪流作答，這可以促成真正有見地的對話。所有成員通常很快就能找出一項需要改善的事。這套方法可凸顯出每

個人心目中最關注的議題，以及他們認為對公司而言最重要的議題。

接下來是最關鍵的部分：找出最優先的改善事項後，就把它設定為下一段衝刺中最重要的任務，而且要制定衡量的標準──如何才能證明已完成改善？大家必須用具體、可行動的字句定義出足以提供判斷「已完成改善」的標準，這樣在下一次的衝刺回顧會議中才能很快就判斷出「是否已完成改善」。

先有滿意的員工，才有亮眼的營收

幾年前，我決定把我的Scrum公司擴大成為提供全方位服務的Scrum顧問公司。我們檢視自己的速度，發現在每個為期一週的衝刺中可以完成相當40點的故事。採用滿意指標評估後，我們發現的第一件事是使用者故事不夠好，內容準備得不夠齊全，缺少對於「已完成」的定義，而且太過模糊。我著手改善，大家開始有了比原本來得好的故事。在接下來的衝刺中，故事還是不夠好，滿意指標不是那麼高。在第三段衝刺中又找到一項新議題，我們也加以處理，就這樣繼續進行。在幾個星期的時間裡，我們的速度從每週40點提高到120點，只靠著詢問如何能讓大家更滿意，就把生產

力提升三倍。它的結果是，顧客更加滿意，我們的營收也大幅提升。我唯一必須要做的事只有詢問團隊成員：「怎麼樣才可以讓你們更滿意、更快樂？」然後付諸實行。

我們把這樣隨著時間變化的資料繪製成圖後，發現一些有趣的事。身為執行長，我關注的是未來的營收、成長及生產力會有什麼變化。我發現與財務指標不同之處在於，滿意指標可以用來預測。財務指標看的是過去已經發生的事，但是如果你詢問大家目前的滿意狀況，他們其實會想到未來。在他們想著自己在這家公司裡有多快樂、多滿意時，等於是在想像未來這家公司的表現會如何。因此，在問題到來前你就能先得到通知；假如你對團隊傳達給你的訊息夠注意，就能在議題惡化成為問題前就採取行動解決。例如，在

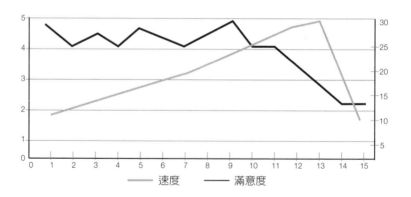

下面這張圖中，在速度或生產力下跌的幾個星期前，滿意度就會先下跌。如果你只看生產力，就不會在它無量下跌前注意到問題的存在。但是，如果你看到整個團隊都有滿意度下跌的現象，就算目前的生產力仍在向上攀升，你還是知道已經存在自己必須處理的議題了，而且動作要快。

讓一切攤在陽光下

哪些事能讓人快樂？這就和讓團隊感到快樂的事是一樣的：自主、精熟及有目標。或者再更擴大解釋一下，那是一種可以掌控自己命運的能力、是一種覺得自己某件事愈做愈好的感受，或是很清楚自己正為了某種超乎個人的目標而努力。但管理者還是有許多簡單、具體的做法，可以讓公司形成鼓勵這些特質的文化。

在 Scrum 團隊實現自主、精熟與有目標之前，常常會有一個要素要先實現：透明度。透明度指的是，內部不該有任何祕密的地下計畫、隱藏的議程，或是任何暗地進行的事。公司裡的每個人在忙什麼？他們每天做的事對推動公司的目標又有什麼貢獻？公司往往不會把這些事說清楚。

我有一個好友在科羅拉多州推動「陽光」法案立法時

著力甚深；在剛開始發展Scrum時，我也花費很多時間在思考這樣的做法。陽光法案要求所有公共會議都要對外開放、所有紀錄對大眾公開，也不能有任何事關起門來偷偷進行，絕不隱藏任何事。正因為如此，在Scrum中才會讓任何人自由參加會議、讓任何利害關係人旁觀每日立會，或參與衝刺檢視會議。

我的用意在於讓每件事都攤在陽光下，但是這麼做可能會讓有些人覺得心驚膽戰。PatientKeeper是一家為醫院與醫師開發手持設備應用程式的公司，該公司找我過去幫忙時，我馬上就讓所有工程單位變成實施Scrum的示範區。我告訴這些開發人員，公司所有人都會知道工程部門的每件事。當時的他們早已習慣主管拿著數據斥責他們，因此他們很擔心更高的透明度會導致主管對他們的批評更加嚴厲。

「相信我，」我說：「公司不會拿這個來傷害你們或處罰你們，高透明度只會讓事情的狀況好轉。」

正如我先前所說的，我對於個人績效並不是很感興趣，而是對團隊績效感興趣。我可以在一個月內把一個團隊的生產力提升兩倍；但如果是個人的話，可能得花上一年的時間；如果是一群人、一整個部門、一整間公司的話呢？可能就要花上一輩子。所以，我通常會把推動透明度的焦點集

中在改善團隊績效上。我發現，團隊通常自己就會處理個人的績效問題；團隊最知道每個成員在做什麼、誰在幫助團隊、誰在傷害團隊、誰讓這個團隊變得出色，以及誰又讓這個團隊痛苦不堪。

所以在Scrum中，每件事都是一目了然的。在我管理的幾家公司裡，每一份薪水、每一項財務資料、每一筆花費，所有人都能查閱。除了想要發展個人職涯，或是把別人當成三歲小孩看待以外，我一直想不通為什麼會有人不讓這樣的資訊公開。我會希望公司的行政助理也能看懂損益表，也能精確知道自己的工作內容對公司的損益有何貢獻；我希望公司的每個人都擁有共同的目標。把每個人隔絕在資訊外的做法只會拖慢他的做事速度而已，還會助長懷疑與不信任，也會造成公司的成員分成兩個族群：一群是知道資訊的大人物；另一群則是奴僕，只是純粹負責執行某個神祕計畫中的一小區塊，根本無從得知計畫的全貌。這簡直就是莫名其妙，假如你不信任自己雇用的這群人、不讓他們知道你在推動什麼，你根本就是雇錯人了，你等於建立一個隱含失敗因素在其中的制度。

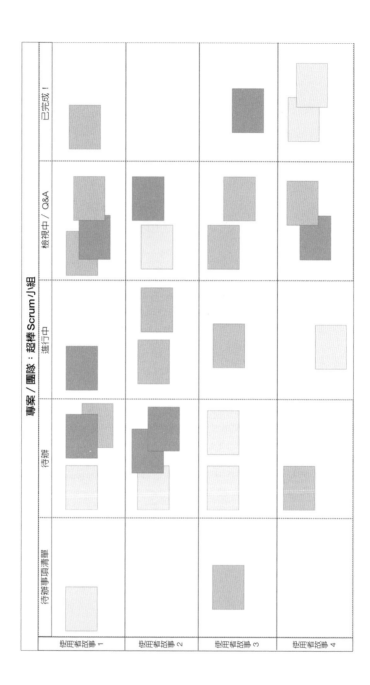

借助Scrum板

　　Scrum板是呈現出這種狀況的鮮明例子。你可以在全球每個Scrum團隊的辦公室裡看到這樣的板子（如左頁的圖形所示）。

　　目前市面上已經有軟體能統計各種指標、提供你各種數值與分析。但Scrum板只是一面張貼許多便利貼的白板而已，上面會有三種不同的任務狀態：待辦、進行中、已完成。當有人登記領走一個故事時，其他人就知道是誰在負責。等到工作完成時，大家也都知道它已經完成了。由於白板上的便利貼也會列出在某段衝刺中必須完成的所有工作，因此大家都能得知這段衝刺目前執行得如何。任何人只要走進辦公室看白板一眼，就能精確知道團隊運作的情況。

　　由於團隊很清楚有哪些任務已完成、哪些尚待完成，大家就能自我管理了。大家都知道自己必須做什麼，都知道是否有某位同事碰到問題，也都知道某個故事是否已在「進行中」的欄位下停留太久。只要一切透明，團隊就能透過自我組織來解決明顯已經有跡可尋的問題。

　　PatientKeeper的開發人員原本很擔心的透明度，最後證明值回票價。由於所有工作項目都透明，管理團隊得以在不

同團隊間分派任務。每個人永遠都能精確知道其他人正在忙什麼，一旦有人碰上阻礙，大家可以相互援助。某位開發人員對於另一位開發人員碰上的問題，或許早就想到解決方案，而兩人可能根本不屬於同一個團隊！公司的生產力成長四倍以上，每年可以為某款企業軟體推出四十五個新版本。這和「憤怒鳥」（Angry Birds）遊戲的更新並不一樣，而是建置在大醫院裡攸關人命的軟體產品。由於我們凡事全部透明化，公司把產品推到市場的速度比世界上任何企業都更快，這正是託「陽光」之福。

在我離開PatientKeeper後，另一個新管理團隊認為Scrum已經不再是最佳做法，在改用其他做法後的結果是，產品從一年更新四十五次下降到一年兩次，營收也從每年5,000萬美元滑落到2,500萬美元；原本低於10%的人員流動率也暴增到超過30%。PatientKeeper只是回頭採用傳統做法，就從一家出色的公司又變回績效平庸的公司。

傳遞快樂

Zappos是一家把快樂設定為企業文化核心的公司。該公司的網站經營得極為成功，培養出大家在網路上買鞋的習

慣，而這是許多人原本都認為不可能做到的事。執行長謝家華（Tony Hsieh）曾寫過《想好了就豁出去》（*Delivering Happiness*），書中提及Zappos的獨特文化，基調在於要為顧客創造出能讓他們大感驚嘆的時刻。事實證明，要讓顧客快樂，就必須讓電話這一頭的員工也感到快樂。

聯繫創造凝聚力

和該公司的高階主管交談時，會一直聽到他們講一個詞：聯繫。他們的研究發現，員工與工作中的其他成員間愈有聯繫，就會愈快樂，顯然也愈有生產力與創新能力。因此，該公司高階主管刻意著手創造員工間的聯繫，不只是單一團隊內的聯繫或單一部門內的聯繫，而是全公司的聯繫，也不只是同一階級的員工而已，還包括不同階級的員工，從副總裁到應收帳款專員都包括在內。

他們同時運用簡單與複雜的不同方式促成此事。例如，他們會創造員工彼此巧遇的機會。公司大樓有很多的出入口，但是他們關閉所有的出入口，只留下其中一個，迫使大家都必須從同一扇門進出。這麼做的用意是，在大家更常遇見彼此後，就會更容易建立並維持雙方的聯繫。

還有一個關於Zappos讓員工融入企業文化的例子。從

倉儲人員到主管在內的每位員工，都必須到資深人力資源經理克麗絲塔・芙莉（Christa Foley）所稱的「新兵訓練營」（boot camp）中接受洗禮。在為期四週的過程中，每位員工會迅速學習公司的運作方式，並且熟悉公司的文化。這其實是Zappos聘用新人過程中的第二道篩選手續。就算已經得到一份工作，員工仍必須證明自己能融入公司文化。

據芙莉表示，這套做法的成果卓著。「（員工們）在訓練營時建立的聯繫，在接下來的職涯中都會一直維持。」訓練營的活動刻意安排得很吃力：大家必須在早上七點到公司、努力做事、在截止時間前完成，還得通過測試。但是這個方法卻很管用，大家在完成訓練後都繼續保持聯繫，不只是幾個月而已，而是好幾年，甚至還會自行舉辦見面敘舊或烤肉活動以保持聯絡。

「新兵訓練營隊變成公司衍生出的家庭，」Zappos的高階主管瑞秋・布朗（Rachel Brown）道：「大家會邀請同事到家裡玩，也會一起玩樂。」

學習與成長

Zappos還有另一種用來讓大家快樂的方法：讓員工有機會學習與成長。該公司一有工作釋出，往往比較喜歡在內

部徵才。假設人力資源部有一份新工作，而會計部有個一直很嚮往人資工作的人，可以轉調人力資源部當「實習生」，等於得到一個可以了解自己是否真的喜歡人資工作的機會，而人力資源經理也可以藉此看看他融入團隊的狀況。公司還會開設由員工自行授課的免費課程，像是「基礎財務」、「新手寫程式」等。Zappos希望大家能在公司裡成長。

就如同我在第三章提及的，團隊成員希望能成長、希望能把自己的工作做得更好，也希望找到其他自己能做得更好的事，這種想法是精熟的欲望可以帶來的工作動機。這種給員工機會找出自己適合什麼位置的做法，也有助於讓員工保持在快樂、躍躍欲試而且投入的狀態中。

對許多曾在極為傳統職涯中發展的人來說，這樣的文化讓他們呼吸到新鮮空氣。「在加入Zappos之前，我的職涯幾乎都專注在召募的工作上。」芙莉道。她說，那是一件極度缺乏變化的工作，讓她覺得精疲力盡。她在來到Zappos後重新找回活力，她表示是公司的文化幫助她。「它讓我覺得每天都好有動力上班。」

這正是Zappos追求的，也是所有公司都應該追求的。我也同樣追求這樣的成果。我希望大家喜歡上班，那是思維上的一種轉變，從「為公司工作」轉變為「為我的公司工

作」。但是，有些人無法適應這樣的思維，所以Zappos才會著重於在內部徵才。該公司發現，來自外部的人，尤其是曾經擔任較高階職務的人都適應得很辛苦。「我們公司既有創業家精神又創新，」芙莉道，但這只是其中一半而已。「另一半是合作。」該公司希望員工與全公司各種不同關係的人合作。一個來自標準企業文化的人，有時會無法接受這樣的做法。一位資深經理告訴我：「我連職銜都沒有，我們認為，從團隊的角度出發，可以把事情做得更好。」

在一般公司裡，你會看到許多希望自己的工作內容維持神祕、不想和別人合作的管理者。他們會創造出一種「我們是我們，他們是他們」的氛圍，他們會畫出「互不侵犯」的界線，你往往會看到不同部門間彼此勾心鬥角，就像馬基維利（Niccolò Machiavelli）講的中世紀宮廷裡的情節。試想，假如一家公司裡的所有成員都能朝著同一目標努力，大家都覺得「這是我的公司」，而且每天都是成長、進步及學習新東西的機會，可以提升多少生產力？但是，絕大多數的公司提供給員工的工作環境，卻讓他們把多數的心力花在辦公室政治上，而非創造利潤上。

以團隊和文化為重的 Zappos

在 Zappos，假如你不適應團隊與文化就適應不了這家公司。該公司的人員年流動率是 12%，而據他們表示，人員的流動絕大多數來自客服中心。原因在於，他們會開除那些對於服務顧客缺乏熱情的員工。Zappos 視客服中心員工為公司的門面，對他們的要求很高。其他員工或許在很多事情方面很有自己裁量的空間，唯獨客服中心沒有。

我在很多團隊身上都看過同樣的狀況。其中一個成員或許擁有專業的知識或技能，卻像守財奴一樣地把這些知識藏私，他們認為這是能確保工作無虞的私人財產。但是，透過衝刺後的回顧與透明度的落實，Scrum 幾乎可以馬上揪出這種行為。Scrum 可明確點出路障何在、浪費何在。在我經營一家公司時，我會告訴這種有「守財奴」行徑的員工，他們的本事並沒有高到足以和整個團隊或全公司為敵，他們要是不改變思維，就得另謀高就。

Zappos 發現，新進員工愈資深，思維就愈根深柢固，要努力拋棄既有的行事方式也就愈辛苦。Scrum 給了大家一個做到這件事的框架，它提供一個讓全組織朝向共同目標邁進的架構。這個架構的基石包括透明度、團隊作業及合作。

許多企業現在都擁抱這套哲學，未能這麼做的企業也注定要輸給這麼做的企業。

　　Zappos的營收由2000年的160萬美元成長到2008年的10億美元以上，這相當於八年來每年都有124%的成長率。我不清楚你公司的營收成長率如何，但是我想上述的實例應該很能說明，讓員工感到快樂與滿意的好處。Scrum正是一項讓你可以用來做到這件事的工具。

戳破「快樂泡沫」

　　但是，有一件事並不等於快樂，至少不是我正在談論的這種快樂，那就是自我感覺良好。它反倒是快樂的相反：不積極、不熱情投入。如同Zappos的芙莉所言，快樂最不可能來自於被動。「我們公司積極而令人精神振奮的文化會讓人工作更加努力，它是要讓你喜歡來上班，不是要（鼓勵你變得）自我感覺良好。」Zappos確實必須篩除一些以為在充滿快樂氛圍的地方上班就代表可以不必做事的人，該公司希望員工把快樂當成工作的動力。

　　別人也有這樣的觀點。2012年1月／2月期《哈佛商業評論》的專題就是「快樂」。該雜誌發現：

⋯⋯讓員工快樂，同時嘉惠股東的唯一一種
方式，來自於員工把重要工作做得很好時所得到
的成就感。我們不該只是追求讓員工「快樂」，而
且要以協助他們完成重大任務的方式來實現。簡
言之，我們應該協助員工贏得顧客的熱情支持，
藉此贏得員工熱情支持公司的使命、協助公司成
功。[2]

熱情的支持還能帶來具體效益。快樂的員工工作表現
突出、更不容易被打倒，而且不但不會換工作，還會吸引
與他們抱持同樣動力的人加入公司。這篇《哈佛商業評論》
文章的作者格蕾琴・史布雷哲（Gretchen Spreitzer）與克莉
絲汀・波拉斯（Christine Porath）認為，不該用「快樂」形
容這些員工，因為那會讓人覺得隱含著自我感覺良好的意
思。而是應該改用「幹勁十足」形容這些員工，因為她們
發現這些人的工作績效比同儕高出16%、倦怠程度比同儕低
了125%、工作投入度比同儕高出32%，以及對於工作的滿
意度也比同儕高出46%。這樣的員工較少請病假、較少看醫
生，也比較容易獲得升遷。[3]

這些「幹勁十足的人」都具備我在本章一再提到的特

質，他們個個都很有活力、充滿熱情、致力於精進技能，無論他們是飛機的機組人員，或只是在餐廳裡打雜的員工。企業可以做些什麼來創造出一種讓員工幹勁十足的環境？管理者可以讓部屬自己做出關於工作的決策、藉以鼓勵他們培養自主性；也可以確保員工都知道所有正在進行的事，因為這兩位作者指出：「在缺乏相關資訊的狀況下做事，不但乏味，也讓人缺少動力。」管理者也應該對缺乏禮節的員工抱持零容忍的態度，永遠不該任由員工霸凌或不尊重別人，因為這會戕害企業文化。最後，管理者應該迅速提供直接的回饋意見給員工。

Scrum都能做到這些事，因為它原本就是設計用來實現這些事的，特別是直接意見回饋的部分，在每日立會中都會發生，衝刺回顧會議與滿意指標也都有這樣的用途。

快樂泡沫是學習和成長的阻礙

但是，我要提醒各位注意一件事，「快樂泡沫」不但可能會出現，甚至經常出現，因此讓我花費相當的時間來研究。快樂泡沫通常會在一個團隊透過Scrum實現空前的成功或大幅提升生產力後出現，團隊的成員自我組織得很好，也對自己的進步深感驕傲，這時候「自我感覺良好」就會冒出

來了。他們會告訴自己：「嘿，我們已經進步這麼多了，我們不必再進步了。」他們在自己的生產力提升到一定水準後不久，就不再創造出色的成果，但是由於他們先前曾有出色的表現，他們會暫時活在快樂泡沫裡，把不如人意的現實隔絕在泡沫外。他們並未意識到，「持續改善」意謂著自己必須永遠追求改善，沒有停止的一天。過去我還是戰鬥機飛行員時，大家常說飛行員坐在駕駛艙裡飛三千個小時後就得停飛，否則一定會因為變得志得意滿而喪命。在企業中自我感覺良好的團隊或許沒有到喪命那麼危險的地步，卻可能讓團隊無法維持良好的表現。

　　這種自我感覺良好的態度，往往會透過如下的發言彰顯出來：「這樣的成果是我們應得的；我們已經贏得成就。」也可能是某些團隊成員過於珍視團隊精神與滿足感，以致於他們只想維持現狀；也可能是他們害怕改變，覺得既然工作就是生活的重心，有什麼好改變的？

　　由於這是 Scrum 可能會變得扭曲的部分，因此「快樂泡沫」是我尤其關注的現象之一。我一再看到快樂泡沫冒出來：某團隊或許做到 Scrum 要求的所有事項，如排好優先順序、一次只做一件事、跨功能、定期檢視等等，卻沒有繼續改善。他們的表現往往已經比學會 Scrum 之前好得多，也已

經有成果證明這一點，但是卻安於既有的榮耀。他們會說：「我們沒有必要再繼續進步。」

這讓我回想起2004年雅典奧運中美國籃球代表隊的表現。隊上有一些一流選手，其中包括雷霸龍‧詹姆士（LeBron James）、提姆‧鄧肯（Tim Duncan）及艾倫‧艾佛森（Allen Iverson）等，不勝枚舉，而且美國籃球代表隊過去不但贏球，而且是大贏特贏，特別是在職籃選手獲准加入球隊後更是如此。美國隊選手都認為自己是最優秀的，沒想到事實並非如此。他們輸掉的比賽數比過去任何一支美國代表隊來得多，甚至還輸給立陶宛。他們因為太過驕傲與自我感覺良好才會失敗，當時的他們正是活在快樂泡沫之中。

點破國王的新衣

那麼，在有數十億觀眾的電視現場直播中，你該如何在自己的選手讓國家出糗前就先戳破泡沫？

第一步就是要知覺問題的存在。就是因為這樣，我才會希望團隊能衡量自己在每段衝刺中的速度。我想知道他們的改變速度，假如沒有正向成長，我就知道大家該多加把勁了。我會交由Scrum大師促成此事，Scrum大師必須能看到問題，並且與團隊成員討論。更重要的是，要有某人詢問難

以啟齒的問題，你應該找一個「大智若愚者」來做這件事。

> 我不知道你跟你那些女兒是什麼親戚：我若講
> 真話，她們會拿鞭子抽我；
>
> 我若說謊，你拿鞭子抽我；有時候我又會因為
> 默不作聲而遭到鞭笞。[4]
>
> ——《李爾王》（*King Lear*），第一幕，第四場

　　劇中的「大智若愚者」是一個會提出令人不舒服的問題，或是會揭穿令人不舒服真相的人。這種人並不容易找到，因為別人可能會覺得他們喜歡製造麻煩，或是他們並非團隊的一份子，但這樣的人需要培育並善加運用。

　　安徒生童話〈國王的新衣〉就是個大家都熟悉的例子，或許也是最好的例子。你應該還記得故事裡有一個很喜歡漂亮衣服的國王，一天中的每個小時都會穿上不同衣服。假如你想知道他在哪裡，去他的更衣室找他就對了。有一天，幾個騙子來找國王，聲稱他們有一塊神祕而精美的布料，任何在工作上不適任的人都看不到它。他們向國王索取最高級的絲線，但只是假裝在編織而已，他們在「編織」空氣，真正的上等材料被他們收到袋子裡。某天國王到他們那裡視察進

度，卻發現空無一物。他想起那塊布料只有工作適任的人才能看得見，於是他稱讚那是他看過最精美的布料。國王詢問大臣，但這些人也拍胸脯保證那真是一塊有史以來最精美的布料。在衣服交件那天，幾個騙子煞有介事地把根本不存在的衣服穿到國王的身上，贏得宮廷裡眾人的一陣吹捧，因此國王決定要到城裡遊行，向人民展現這一身神奇的衣服。

你應該記得故事的結局：沒有人提到國王一絲不掛，因為他們不希望別人認為自己不適任。因此，皇家隊伍就沿著大街一直走，直到一個小孩大聲嚷嚷道：「可是他什麼也沒穿啊！」一開始小孩的父親還要他別作聲，但是接下來大家就竊竊私語，而後漸漸變成高聲大喊，城裡的居民開始嚷嚷道：「他身上根本什麼都沒穿！」國王很害怕這些人說中事實，但還是繼續行進。而大臣們也跟著他走，還拉著根本不存在的衣襬。

故事中的小孩其實就是「大智若愚者」，他能看出大家信以為真的真相，其實只是共同的錯覺而已，國王身上其實沒穿衣服。所以，如果你的團隊裡有一、兩名「大智若愚者」，一定要好好珍惜他們。

還有其他的方法可以戳破快樂泡沫，例如，在團隊中加入新血，以及管理階層介入，但追根究柢，它們是一樣

的，就是要讓團隊正視自己不想看到的現實。幸運的是，只要實施Scrum，所有事情就會全部透明，不管是團隊創造多少成果、成果的品質如何，以及顧客滿意度的高低。Scrum的特質之一是，它可以讓不對勁處很快現形。相較之下，傳統團隊與組織有可能興高采烈地走著，一腳踩落懸崖，而且還在納悶究竟是哪裡發生問題。他們花費太多的時間等待來自市場與彼此的回饋意見，太慢付諸行動。

今天快樂，明天也要快樂

包括哈佛大學的班夏哈教授在內的許多心理學家都認為，要分析一個人面對這個世界的心態，其中一種方式是詢問他們：現在在做的事讓他們今天快樂嗎？明天會因為做這件事更快樂嗎？我發現這是在職場裡觀察人們的好方法。

據班夏哈表示，人往往可以分為四類：第一類是「享樂主義者」（Hedonist），也就是正在做此刻讓他們覺得開心的事。至於明天？明天再來擔心吧！現在我只想享受今天。我在新創公司裡看到很多這樣的行為：一群人窩在相當於創業車庫的地方，一直開發覺得很酷或很有趣的東西。但是，他們的注意力不太放在開發永續性的產品上，只花費很少的

心力思考在未來一個月裡這樣東西會如何運作，更不用提未來的一年了。

提供資金給新創企業團隊的投資人通常會很擔心，因此他們會雇用一票管理者來控管有創意的年輕人。而這群年輕人會突然發現，過去自己那麼樂在其中的世界突然變得好糟糕，充斥著各種規矩、測試及報告。或許只是今天糟糕，但是這群人卻覺得會永遠變得糟糕，他們是「虛無主義者」（Nihilist）。

還有一些人是公司找進來負責經營的，這群人願意連續數週每天投入八小時工作（也願意鞭策別人這麼做），因為他們認為自己不久後就會升官，屆時自己會覺得更快樂。當然，等到他們真的升官後，又會有一批令人頭痛的新問題要處理，而這也需要更多的時間來解決，他們很享受這種「汲汲營營」。

第四種人是 Scrum 努力要找到，並且予以鼓勵的人。他們不但會研究能在今天帶來樂趣的東西，也關心更美好的未來，深信這樣東西可以永遠帶來樂趣。這種人很少會有透支或幻滅的感覺。他們並不像享樂主義者或虛無主義者對工作抱持著負面感受，也和汲汲營營、努力要讓每個人遵守規定的管理者並不相同。

Scrum的做法是推廣一體化且富有激勵性的思維。透過大家的共事,團隊可協助享樂主義者往前看、讓虛無主義者知道光明的未來還是存在,也告訴那些陷入忙碌之中的管理者,其實有更好的做法。

以成長與實現自我為導向

所以,我才會在公司裡採用滿意指標。它可以讓團隊協助成員成為更棒的人;它可以系統化、細膩又一點一滴地去除導致不快樂的原因;它賦予人們自我改變的力量,也給予他們這麼做的動機。

還記得基本歸因錯誤嗎?當你的身旁全是渾球時,你該做的不是挑出壞蛋,而是要找出鼓勵壞蛋們做出這種言行的不良系統,再用滿意指標加以校正。

很多人在高中或大學時,都學過美國心理學家馬斯洛的「需求層次理論」(hierarchy of needs)。該理論以金字塔形式呈現出人類不同層次的需求,從人類最先關心的最底層需求,乃至於底層需求滿足後會變得更迫切追求的更高層需求。在需求金字塔的最底層是生理需求:空氣、水、食物、穿衣及住所。如果我們缺少這些東西,根本不可能再想別的東西。第二層是安全需求,不只是身體與財務,還包括確保

身體健康，能夠取得某種程度的醫療資源。有趣的是，很多人的需求只滿足到這裡而已，即便下一個階段談的是我們身為人類絕對需要，但社會卻經常忽視的需求：愛與歸屬感，也就是Zappos所講的聯繫。再往上一層是自尊及贏得別人尊敬的需求。金字塔的最頂層則是發揮潛能，自我實現的需求。

馬斯洛最感興趣的是最頂層的需求，而這也是Scrum關注的焦點：協助大家成長與實現自我。在金字塔中，位居較高層次的人不但比較快樂、比較滿足，做事也更有效率、更有創新性，還能創造卓越。

我猜你現在正點頭如搗蒜，因為我們的內心都很清楚這座金字塔的存在，即便有些人可能未曾看過這個理論。你可以自己往較上面的層次走，實際體會看看你所感受的衝擊。假如你經營企業，或許你可以由營收和成長幅度判斷是否已經達到卓越；如果你要減輕病人的痛苦，或許你可以從保住性命的病患人數判斷是否已經達到卓越；如果你想改變世界，或許你可以用已經成功改變的事項多寡來判斷是否已經達到卓越；如果你只是想把甜心交辦事項清單做完，或許你可以從自己贏得幾個自由去釣魚的週末午後，來判斷是否已經達到卓越。

光是快樂還不夠，快樂必須用來創造成果。Scrum的所有元素，都在協助大家做到這一點。個中真正的訣竅是安排優先順序，我會在下一章探討。

本章重點摘要

重點是旅程，而非目的地。真正的快樂來自過程，而非結果。我們往往只獎勵結果，但我們真正想獎勵的應該是努力朝向卓越邁進的那些人。

快樂是時興的潮流。快樂有助於你做出更聰明的決定，而且在你快樂時，你會更有創造力、比較不會離職，也更可能創造出超出自己想像的成果。

把快樂量化。光是「感覺」不錯並不夠，還必須測量感覺的強弱，與實際績效相互比較。其他指標都是回顧過去，而快樂卻是一個展望未來的指標。

每天進步一點，也別忘了要衡量成果。在每段衝刺結束時，團隊應該找出一項未來能讓大家更快樂的改善項目，並且指定為下一段衝刺時應該完成的重要事項。

祕而不宣會害死你。沒有任何事應該隱瞞，每個人都應該知道每件事的資訊，包括薪水與公司財務狀況在內。只有那些私利至上的人才會打迷糊仗。

工作要可視化。在辦公室擺上一面板子，把所有應完成的工作、進行中的工作，以及已實際完成的工作都列出來。每個人都應該去看，也應該每天更新。

自主、精熟及有目標就是快樂。人人都想掌控自己的命運、都想把正在處理的事做得更好，也都想追求超乎個人層次的目標。

戳破快樂泡沫。別太過快樂到連自己沒做好的事都覺得做得很好。要把自己的快樂和績效做比較，如果兩者之間存在落差就要準備採取行動。自我感覺良好是成功的死對頭。

第 **8** 章

優先順序

幾年前，我首度在麻州牛頓中心（Newton Center）的 Johnny's Luncheonette 餐廳認識麥斯威爾。我曾在前文中提及，他是 OpenView Venture Partners 的創辦人，就是他察覺到，增加工時所帶來的工作事項，會多過於所完成的工作事項。我已和 OpenView Venture Partners 及該公司投資的其他公司合作近八年的時間。在這些公司裡，我們都看到生產力大幅提升。但 Scrum 要講的不是只有加快團隊運作的速度而已，也要講擴大成效的部分；以創投來說很簡單，就是營收。如果一家公司不賺錢，投資就不成功，它只能算是你閒暇時的興趣而已。

我看過太多的公司都是如此，它們擁有很棒的想法與很出色的產品，不但人人都讚嘆，它似乎能攻占利基市場，看起來應該能成功；反正就是很酷的產品。但是，歷經無數的想像、靈感及付出心力後，負責開發產品的人卻從來沒想過要如何實際靠這樣東西賺錢。

Pets.com 與 Zappos 之間到底有何不同？兩者都發現一個民眾每年消費數十億美元的市場區隔，也都找到方法，透過網路，更方便、更平價地把產品送到消費者手中的方法。但是，前者變成網路泡沫化的代表性例子，虛擲好幾百萬美元的投資；後者卻變成市值超過十億美元的公司。兩家公司都

有願景，差別只在於Pets.com缺乏優先順序的概念，不知道
何時該做什麼。

我很喜歡把這張文氏圖（Venn diagram）拿給人家看。

產品負責人必須平衡多重產品屬性

每家公司都必須想想這張圖的概念。就算你充滿熱
情，假如只是把心力集中在自己能創造的事物上，最後可能
會做出沒人想要的東西；假如你只是把心力集中在自己能推
銷的東西上，可能會承諾顧客做出你根本做不出來的東西；
假如你只打造雖然能推銷、自己卻缺乏熱情的東西，最後你
只會做出平庸的產品。但在這張圖的正中央，也就是三方交

會的甜蜜點，是一個「建立在現實上的願景」，一個真的很可能創造出卓越成果的願景。我會在本章教各位如何實現。在先前的幾章裡，我著重探討如何把事情做得又快又好，而本章則會偏重在如何讓「又快又好」為你所用，如何真正助你創造卓越。

麥斯威爾說，Scrum的真正威力在於它的「待辦事項清單」，不但預先擬妥、排好優先順序，還列出事情的相對價值。就是因為這樣，他才會把Scrum應用到公司的創投事業群，也才會認為Scrum是一種重要的競爭優勢。

待辦事項清單：何時該做什麼

當你在建置Scrum時，第一件要做的事就是建立待辦事項清單。它可能長達數百項，也可能只有少數幾件你要先處理的事。當然，你必須清楚知道，在作業的最後希望得到什麼，它可能是一種產品、一場婚禮、一項服務、一種新疫苗或一棟油漆好的房屋。它可能是任何東西，但是一旦你擁有願景，就必須考量如何才能讓它實現。

最近我和一家公司合作，它的主要產品是大樓的自動化系統，包括暖氣、冷氣、電力、管線全部包辦在內的整合

系統。該公司正在開發的一種新產品是家庭自動化系統，可利用行動裝置控管家裡的各種事，像是打開大門、控制暖氣吹出、開燈等。因此，他們坐下來把所有必須搞定的事情列成清單，像是開關、控制器、介面、感應器、通訊協定，諸如此類。他們列的其實不是具體的規則或物件，而是所有需要的「故事」。

所以，他們在列清單時會採取以下的格式：「身為屋主，我希望能看到誰站在我家門前，這樣我才能開門歡迎那些我想要讓他們進來的親友。」他們為打開車庫鐵門、開啟空調、控制燈光等事項都寫了故事。他們不停的寫，直到完成清單為止。這份清單列出系統必須具備的全部功能，而且要從「足以激發顧客購買意願」的角度來寫。

最後，他們列出有數百件待辦事項的清單。這個系統很龐大、很複雜；待辦事項清單的意義在於，應該要把產品裡可以囊括的所有元素都列入其中。雖然永遠不可能真的百分之百完全實現，你還是會想要準備一份清單，從而得知在那樣的產品願景下所有可能納入的功能。

不過，重點在於決定先做什麼。你得自問的問題包括：哪些項目最有助於推展業務？哪些項目對顧客來說最重要？哪些項目最有利可圖？哪些項目最容易實現？你必須明

瞭，清單中有很多事項是你永遠不會觸及的，但是對於那些能在最低風險下創造最多價值的事項，你應該一開始就先動手。在Scrum這種「每次都多一點點」的發展與完成手法下，你會希望從能馬上創造營收的事著手、有效率地降低專案的風險。你會希望從功能層面上做到這一點，會希望能盡快開始把價值提供給顧客，也會需要一些百分之百「已完成」、足以展示成果的東西。它或許只是龐大專案裡的一小部分，但必須是「已完成」且能夠展示的。如果你正要油漆房屋，或許第一件列為「已完成」的事項會是為客廳的所有線板上漆。

在產品開發中，有一個一再被證明的不變定律。我曾在前面提及：有80％的價值來自於20％的功能。請你想想，這意謂著任何你購買的東西裡，絕大多數的價值，亦即人們想要的大部分功能，來自於廠商開發項目的其中五分之一。以這家公司來說，在檢視這份家庭自動化系統應有功能的龐大清單時，他們很清楚，也早已清楚顧客真正要的只有其中20％。Scrum的能耐就在於，能幫你找出如何先建置那20％的東西。在傳統產品開發過程中，一直到他們交出完整產品之前，開發團隊並不清楚那20％究竟是什麼，這意謂著有80％的心力白費了。我想，你應該很清楚我對於浪費

所抱持的態度。

　　如果你能比競爭對手快五倍的時間交出成果，還提供高於對手五倍的價值，還有贏不了的道理嗎？

　　因此，這家開發自動化系統的公司成員坐下來，看著這份列有眾多功能的清單，並且問著自己道：「好了，我們明天要做什麼好？對顧客來說最重要的是什麼？我們如何比別人更快提供價值？」正如麥斯威爾所言，困難之處不在於設想你想要實現什麼，而在於找出你能實現什麼。不管你是在興建房屋、打造車輛、撰寫書籍、開發電玩、掃除犯罪或清除垃圾，都同樣如此。要找出能在哪方面以最少的心力創造出最大的價值，然後馬上去做。接著，要找出下一個能增加價值的項目，以此類推。你會發現自己創造出實際可展示的成果，並且予以呈現的速度，比你原本的想像還來得快。關鍵就在於安排工作的優先順序。

　　如何才能做到？首先，你得找一個既能擘畫願景、又清楚價值何在的人。在 Scrum 中，我們就以「產品負責人」稱呼他。

產品負責人

　　在Scrum中只有三種角色。你不是團隊的一員,負責做事;就是Scrum大師,負責協助團隊找出如何把事情做得更好;或是產品負責人。產品負責人決定該做什麼事,待辦事項清單為他所有、內容也歸他管理,還有最重要的優先順序也是一樣。

　　在1993年,我推動第一個Scrum團隊時,並沒有設置產品負責人。我是領導團隊的一員,除了具體安排每段衝刺中團隊該做的任務以外,我還有許多其他職務要處理,我要負責管理與行銷的工作,必須和顧客打交道,還得擬定策略。但是在第一段衝刺時,我的判斷是自己還能處理待辦事項清單,只要能確保在下一段衝刺中,團隊有足夠的「故事」與事情可做就好了。但是問題在於,當第二段衝刺結束後我們導入「每日立會」,團隊的工作速度在接下來的衝刺中成長400%,一個星期內就把原本以為要花一個月才能做完的事情全部做完了,待辦事項清單中已經沒有事情讓他們做了!我原本以為自己有一個月的時間能創作更多的「故事」。這無疑是很嚴重的問題,但還是必須解決。因此,我

想出產品負責人的角色，以及什麼特質的人適合執行。

關於這個職務的靈感是來自於豐田汽車的「總工程師」。豐田的總工程師要負責的是一整條產品線，像是Corolla或Camry。要做好這樣的工作，他們必須善用來自專業團隊的人才，像是車體工程、底盤、電力等。總工程師必須從這些團隊中找人組成足以生產汽車的跨功能團隊。外界都把這些傳奇性的總工程師（或稱「主查」，其實原本就是這個名字）視為代表「豐田之道」（Toyota Way）的全能領導者。就某種角度來看，他們確實是。但是他們其實並沒有權力，沒有人向他們報告，反倒是他們要向自己的團隊報告。成員們會告訴總工程師哪裡不對，因此總工程師必須確知自己是對的。他們不對任何成員做績效評估，也不負責升遷或加薪，但是他們會決定車子的願景，以及車子要如何生產，他們必須設法說服團隊成員，而不是強迫。

我希望把這樣的角色帶入Scrum之中。精實企業研究院的約翰‧徐克（John Shook）有一次在描述總工程師的角色時，在開頭引用美國海軍陸戰隊領導手冊的內容：

　　一個人的領導責任與權力是兩碼子事……許多組織內部的負面狀況，追根究柢都源自於其成

員已經根深柢固地認定「權力和責任應該是同一件事」使然。我認為，對於此事的誤解已經很泛濫、很難處理了，已經深藏在意識裡，以致於我們自己根本沒有察覺這件事。[1]

　　回想我在西點軍校與越南的時光，我發現自己很認同領導與權力無關這件事。領導反倒與知識、扮演僕人領袖，以及一些其他因素有關。總工程師不能只是要求員工用某種方式做某件事，他必須說服或勸誘員工，並且證明他的做法是對的、是最好的。一個人通常要有三十年的經驗才能扮演這種角色。我在Scrum裡需要這樣的人，但是我也知道只有少數人擁有這種水準的技能與經驗。因此，我把它分成兩個角色：一個是主導「怎麼做」的Scrum大師；另一個則是主導「做什麼」的產品負責人。

　　即便在剛發展Scrum的草創時期，我已知道自己需要一個與顧客有密切連結的人來幫忙。在每段衝刺中，產品負責人都必須把顧客的回饋意見傳達給團隊知道。他們必須把一半時間花在與購買產品的人對話（了解這些人對於日趨完備的最新版本產品有何感想，以及它們是否傳遞出足夠的價值），另一半時間則花在與團隊一起擬定待辦事項清單（讓

團隊成員知顧客重視什麼、不重視什麼）。

請記住：「顧客」可以是一般消費者、大銀行、妳的丈夫，或是任何需要輪狀病毒疫苗的人，以及正仰賴你提供事物給他們的人。顧客就是任何預計可以從你正動手在做的事情中獲得價值的人。

但是，我並不需要管理者，我要的是一個團隊願意相信、願意信任由他來為待辦事項清單安排優先順序的人。因此，我找來一位擅長產品行銷的聰明傢伙（我要提醒你，不是工程人員，而是行銷人員）。於是，唐・羅德納（Don Rodner）就成為第一個產品負責人，他並不是以技術角度來理解我們當時正在開發的產品，雖然他確實具備足夠的技術知識與工程師溝通；他是從顧客的角度理解。實際使用產品的人需要的是什麼？在挑選產品負責人時，要找一個能從「獲取價值」角度思考的人來擔任。正如我一個朋友所說的：「我太太是最棒的產品負責人；她精確知道自己要什麼，我只是負責執行。」

產品負責人不但比Scrum大師需要更廣泛的技能，還必須符合幾項標準的檢視。Scrum大師與團隊負責的是工作速度有多快，以及還可以再快多少；產品負責人則是負責把團隊的生產力轉換成價值。

產品負責人的四個特質

我認為產品負責人須具備四大特質：

第一，產品負責人必須具備專業領域的知識。其一是產品負責人應該對團隊目前正在執行的流程有充分了解，才能得知團隊做得到哪些事，以及同樣重要的，做不到哪些事。其二，產品負責人也必須對於「該做什麼」有充分了解，才能知道有哪些東西可以轉換為實際有意義的價值，或許是一套能協助FBI逮到恐怖份子的電腦系統，或許是一種能在公立學校改善學生成績的教學方法。其三，他也必須對市場有充分了解，才能得知還有哪裡可以進行差異化。

第二，產品負責人必須擁有決策權。管理階層不應該干涉團隊運作，產品負責人應該被授予決策權，才能自行決定產品的願景與如何實現願景。這一點十分重要，因為產品負責人會面對來自公司內外利害關係人的龐大壓力，他們必須擁有堅持下去的權力。產品負責人應該為成果負責，但是要讓他們有自己的決策權。

第三，產品負責人必須讓團隊找得到人，必須向團隊說明應做事項與做法。由於產品負責人要為待辦事項清單承擔最終責任，所以必須經常與團隊溝通。團隊的專業知識也

往往可以提供給產品負責人做為決策用的資訊。產品負責人必須可信賴、前後一致、讓團隊找得到人。假如讓人聯絡不上，團隊將無從得知該做什麼，或該依照何種順序執行。團隊成員仰賴產品負責人勾勒「願景」，也仰賴產品負責人提供市場情報。團隊若找不到產品負責人，整個流程可能隨之瓦解。這也是我很少建議企業由執行長或其他高階主管擔任產品負責人的原因之一，因為他們根本沒有充足的時間可以滿足團隊所需。

第四，產品負責人必須為價值負責。對企業而言，最重要的就是營收。我會以「每一點」創造多少營收來衡量產品負責人的表現。假設一個團隊每週完成40點的工作，我想要計算出每一點可以創造多少營收。但是，也可以用團隊做成功多少事當作衡量價值的標準，我知道有某個執法團隊是以「每週抓到多少個重罪通緝犯」來衡量價值；我也知道有些導入 Scrum 的教會是以「提供給教友的服務水準」來衡量自己成功與否。關鍵在於，要決定價值的衡量標準是什麼，再由產品負責人多促成一些價值。在 Scrum 中，由於所採用的手法極為透明，因此這種衡量標準是很容易觀察的。

但是，要在一個人身上同時找到這些特質卻有些困難，因此在大型專案裡往往會由一群產品負責人處理所有的

需求。後面我會再深入探討，但是在這裡我希望各位想像一下，自己正身處於一架F-86軍刀戰鬥機的駕駛艙，正準備加入一場朝鮮半島上空的空戰，身旁坐著有「瘋子少校」（Mad Major）之稱的約翰・伯伊德（John Boyd；譯注：生於1927—1997年，美國空軍戰鬥機飛行員出身，少校時期提出對第三代以降的戰鬥機影響深遠的「能量機動理論」，但是因為經常出言不遜，而有「瘋子少校」的稱號，退役時官拜上校）。

觀察、導向、決定、行動

韓戰時的空對空戰鬥，主要發生在美國F-86軍刀戰鬥機與俄製米格15戰鬥機之間。米格15戰鬥機的速度較快、機動性較高，推重比（譯注：發動機推力與飛機重量的比）也較高，在各方面都是比較出色的戰機。理論上，米格15戰鬥機應該早就把空中的美國戰機都擊落了；但事實上，雙方遭擊落的比例卻是十比一。伯伊德努力研究背後的原因，形塑出不同於以往的空戰樣貌，也成為我們在發展Scrum時的重要參考。

雖然伯伊德在戰爭中從未擊落任何敵機，但他依然稱

得上是有史以來最出色的戰鬥機飛行員。韓戰停戰前，他只到韓國出過二十二次任務，而當時的戰鬥機飛行員必須執行三十次僚機任務，才能擔任在編隊中率領僚機的長機飛行員。直到戰後，他前往位於南內華達州奈利斯空軍基地（Nellis Air Force Base）的美國空軍武器學校（USAF Weapons School）授課時才聲名大噪。在重視人員輪調的軍中，他史無前例地在該校擔任六年的教官。

戰鬥機飛行員並非謙沖自牧之輩，在他們出現在奈利斯空軍基地時就已經被視為美國空軍中最傑出的飛行員了，因此顯得有些趾高氣昂。伯伊德有一種很簡單的方法可以殺殺他們的銳氣，好讓他們願意聽他授課。他都會邀請這些學生到空中，並在他的六點鐘方向飛行，也就是飛在他的正後方，那是空戰時最有利的位置。接著，他會要學生緊跟在他的後方。但是，他在四十秒內都一定能神乎其技地飛到學生的六點鐘方向，還會一直對無線電喊著：「射擊！射擊！射擊！」那是在雷射、電腦及模擬武器尚未問世的時期，他這樣大叫是在告訴學生：「你已經死了。」伯伊德屢屢獲勝，也為他贏得第二個綽號：「四十秒」伯伊德。

他的另一個綽號是「瘋子少校」，得自於他活力十足的自我表達。這時的他，臉部通常距離頂撞他的人只有三吋，

他也會用兩根手指去戳對方的胸口。在他那兩根手指間，一定會夾著一根點燃的Dutch Masters牌雪茄。根據傳說，有時候 —— 我相信真的只是不小心，他這個動作會害對方的領帶著火。表達自己的意見時，他會運用手邊任何可用的工具贏得爭執，從不感到愧疚。

伯伊德擁有看穿整個作戰空間的能力。他曾在口述歷史中表示：

> 我看到自己在一個巨大的球裡，我人在球的裡面，可以看到所有在球的周邊發生的行動，（但）我當然還是一直在操控著飛機……我的視覺來自兩個參考點，當我在空對空作戰時，我可以像一個置身其外的旁觀者一樣地看到我自己，也能看到周遭的所有個體。[2]

這樣的察覺能力，也就是能看到空中全方位事物、觀察事情發展過程的能力，讓他得以構思出自己的一套軍事理論，最後改寫美國發動戰爭的手法。

伯伊德離開美國空軍武器學校後，決定研讀工程學，後來設計出一套有關飛機性能的模型，透過能量之

間的關係闡述空對空作戰。他的這套能量機動（Energy Maneuverability, EM）理論把飛機在任何狀況下的動能與位能、高度、空速、方向，以及能在多快的速度下改變上述任何一項變數都納入考量。最後，大多數戰機在設計時都採用他的理論，這也直接促成F-15與F-16這兩款過去四十年中位居主導地位的戰機得以開發。

　　當時的問題在於，根據伯伊德的理論，米格15戰鬥機應該要徹底打敗F-86軍刀戰鬥機才對，沒道理會是相反的結果。在羅伯特・克拉姆（Robert Coram）為伯伊德所寫的傳記中提到，當時伯伊德經常一連發呆好幾天，努力設想背後的原因，他確信自己的理論是對的，但美國戰機飛行員的敵機擊落率為何會是對手的十倍呢？是因為訓練嗎？這只能解釋一部分的原因。是因為戰術嗎？或許是，但是這個因素同樣無法造成這麼懸殊的結果。這時候他突然想到，美國飛行員在空戰時看得比對手更清楚、行動更迅速。原因不在於飛行員本身的任何特質，只是出於一些純粹設計上的選擇而已。軍刀戰鬥機採用泡狀座艙罩，米格戰鬥機卻是採用多片玻璃板和框架，因而擋住飛行員的視線；F-86擁有液壓驅動的飛行控制系統，米格戰鬥機卻只有液壓輔助的控制系統。據了解，米格15戰鬥機的飛行員必須練習舉重，以培養駕

駛戰鬥機所需的上半身力量。

因此，美國飛行員會先看到米格戰鬥機，然後美妙地根據這樣的資訊，而比中國或北韓的飛行員更快採取行動。雙方作戰並非取決於戰鬥機的性能，而是在於飛行員能夠以多快的速度把觀察到的資訊轉換為行動。米格戰鬥機採取行動後，美軍戰鬥機會加以因應，接著在米格戰鬥機採取接下來的因應行動時，美軍飛行員已經又先採取另一個行動了。他們因應米格戰鬥機行動的速度快上許多，這使得性能上較先進的米格機成為待宰羔羊。

我在越南時也發生同樣的現象。當時對戰的也是不同戰機，分別是米格21戰鬥機和F-4。不過，F-4同樣因為能見度較佳，而勝過操控性較佳的蘇聯製戰機。正如伯伊德所言，他最知名的創新讓飛行員得以「掌握敵人的決策迴圈」。

這樣的洞悉能力已經成為作戰時的基本要素，而這也是我設計Scrum的目的，讓產品負責人迅速根據即時的回饋意見做決策。只要能不斷得到任何正由你所從事的活動中得到價值的人所提供的回饋意見，無論是來自在亞馬遜網站點擊購買鍵的人、你教會裡的教友、教室裡的學童，或是某位正在試穿衣服的顧客，你就能經常調整自己的策略，而且更

快成功。

流程會照著讀來有點滑稽的「OODA」循環走，這個字是**觀察（Observe）**、**導向（Orient）**、**決定（Decide）**、**行動（Act）**的縮寫。或許發音聽起來很好笑，在戰爭中或商業上卻很好用。掌握某人的決策迴圈，可以導致對方困惑或疑惑，繼而反應過度或反應不足。就像伯伊德向其他軍官做簡報時所說的：「應變速度最快的人就能存活。」[3]OODA循環圖如下頁的圖形所示。

「觀察」這件事很明顯，就是要在事態演進時看清楚狀況。但是做來並不如聽來容易，伯伊德的描述是，你必須跳脫出來，一窺周遭的全貌，而不是只從自己的角度出發。

「導向」不只和自己身處何地有關，也與你能看出何種結果有關，亦即你能為自己安排哪些不同的替代方案。據伯伊德所言，這牽涉到一個人的基因遺傳、文化傳統、先前的經歷，當然也包括演變中的周遭情境。因此，導向不但反映出你如何看待這個世界，以及你身處其中的哪一個位置，也反映出你能看到什麼樣的世界。

觀察與導向共同促成了「決定」，進而促成「行動」。接著，這個循環又要重新從觀察開始，觀察的是你的行動與對手的行動帶來的各種結果；當場景轉換為商業世界，就是

OODA循環

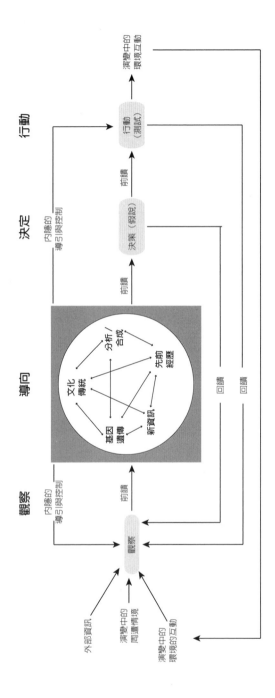

觀察　　　導向　　　決定　　　行動

對市場反應的觀察。

Scrum定期提出一點新成果，為的是讓產品負責人能知曉新增加的該成果帶來多少價值、大家對它的反應是什麼。接著，根據這樣的資訊，調整團隊在下一段衝刺中的行動事項。如此一來，可以建立穩定的意見回饋循環、提升創新與改善的速度，並讓產品負責人得以評估目前的產品傳遞出多少價值（在企業裡，我們是用金錢來評估。但是，如果我要油漆房屋內部，可能會以完成的房間數來評估）。這樣一來，產品負責人就有能力因應變化萬千的環境，即時調整產品內容。

或許很難想像，對於那些乍看之下在完成前全無價值可言的產品或專案，要如何釋出每次增加些許東西的新版本？舉例來說，汽車要如何推出增加些許新東西的新版本？或是百萬美元的電玩遊戲呢？關鍵在於找出哪些部分真的蘊藏價值，足以藉此取得回饋意見，並據以即時因應。

就以汽車為例，豐田汽車的Prius車款從只有概念到上市僅僅花費十五個月，比該公司過去任何車款都來得迅速。雖然負責設計的團隊並未在車子完成前就先開賣，但是他們確實一開始就迅速完成車子的原型，好讓總工程師能「體驗」一下，並且看看團隊的開發方向是否正確。這種快速製

作出來的原型，由於是已具備完整功能的車子，只是在上市前要一再改善原型車，直到做出你想要賣給顧客的產品為止，有助於促成極為快速的調整動作。重點並不在於一開始就做出盡善盡美的設計，反倒是要先做出已具備各種功能的原型車，再看看還有哪裡可以改善。在改善之後再製作下一款原型車，繼續改善。祕訣在於，你愈能更快獲得一些實際的回饋意見，就能愈快做出更好的車子。

我在第四章提過的「維基速度團隊」，它在每週都會做出完整的原型車，還提供銷售。這樣的買賣並非在大規模市場中進行，因為維基速度團隊還沒做好準備，但還是會有一些喜歡嘗鮮的顧客，願意支付兩萬五千美元購買這些原型車。在你有意打造什麼東西時，別預設自己一定要到接近完成時才能提供有價值的東西給使用者。你反而該努力想想，最低限度的可行產品是什麼？「如果至少要提供一些價值給顧客，我在最小限度內必須打造什麼樣的東西？」

電玩遊戲是另一個例子。現在有愈來愈多的開發人員都會讓早期採用者付費玩最早的「alpha版」，才能在遊戲真的做出來前從最忠誠的玩家那裡得到意見回饋，藉此得以知道玩家的實際反應，而非只是猜測他們會如何反應。

視你所屬的產業或是經營的組織不同，你可能很難實

施這種漸進式的產品釋出手法。退而求其次，假如你無法把東西提供給外部顧客試用，就找一個內部顧客代替大眾做這件事，而產品負責人就是不錯的人選。把任何可能獲得有用回饋意見的東西拿給內部顧客看，不管是不動產擴建計畫、工廠升級計畫、煞車系統改造、志工服務活動，只要有一些內容都可以。用意在於，要為自己創造檢驗與調整產品的機會。無法因應環境、競爭者或消費者喜好轉變的企業或組織，麻煩就大了。

伯伊德是這麼說的：

> 我們希望把另一個人的步調或節奏納入考量，藉以打倒對方……在我們的腦中必須擁有一幅稱為「導向」的影像或照片。接著，我們必須決定自己打算做什麼，並且付諸實行……再來我們要看看它（所導致）的作用、加上我們的觀察，然後繼續把新資料、新導向，新決定、新行動都加進來，永無止境……導向並非只是你所處的一種狀態，而是一個過程。你永遠都要找新導向……
>
> 在一個全無變化而美好的小小世界裡……（居

住在這種世界裡的生物就像）恐龍，即將滅絕。
遊戲的名稱叫做「別當恐龍」。如果你處於一種均
衡狀態，你就完了……背後要傳達給你的訊息很
簡單：沒有出路……各位，它就是如此。4

　　各位，它就是如此。正如我在第一章講的，這是很明
顯的選擇：不改變，就等死。如果你不掌握競爭對手的決策
迴圈，他們就會掌握你的決策迴圈。伯伊德就表示：我想做
的是把我的對手逼回他自己的思維裡……這樣我就能迫使
他陷入迷惘與混亂，癱瘓他的行動。我不知道你是怎麼想
的，但是我寧願當那個下手的人，而非被下手的人。

優先的事情優先做

　　現在你有一個經常更新待辦事項清單、安排順序、把
東西做出來的產品負責人了。在手邊有數百件待辦事項時，
安排順序的流程可以很複雜，也可以很快速。關鍵在於，要
找出如何把最有價值的東西最快做出來。或許你有好幾百萬
種方式安排待辦事項清單的順序，但你最想要的應該是盡快
把囊括20％的功能傳遞出80％價值的東西做出來。在第一

段衝刺前，你的第一次猜想幾乎可以確定不會是最適切的選擇，卻是你在當下最好的選擇。

但那只不過是你的第一次猜想而已。第一段衝刺結束後，一旦你完成OODA循環，為顧客創造出一些東西後，你就會改變順序，你就會知道另一種順序其實比較好。

接著就會持續這麼做，不斷更新待辦事項清單、每段衝刺結束後重新安排優先順序，朝著最快速創造價值的順序演變。或許你永遠無法找出絕對完美的順序，但你還是希望能一步一步地在每段衝刺後持續改善。

要記住的重點是，優先順序永遠處於變動中，這一週的適切順序到了下一週未必就適切。環境可能已經改變，你也可能得到新消息，或是發現某些事情變得簡單、某些事情變得困難。因此，在每段衝刺後都會頻繁出現待辦事項清單上優先順序改變的情形。重點在於承認不確定性存在，接受自己目前安排的優先順序與創造的價值，只是當下的相對結果，它將會一而再、再而三地不斷改變。

企業有一種可能會陷入的壞習慣是，只因為市場需求經常變動、管理者不確定最有價值的是什麼，就把每件事都列為最優先。每件事都是第一順位。有「大帝」之稱的普魯士腓特烈二世曾經說過一句格言，各位應該謹記在心：「如

果每件事你都想捍衛，就等於什麼都沒有捍衛到。」未能把手邊資源與心力集中，結果就是會讓它們稀釋到無關緊要的地步。

幾年前，我在法國的諾曼地慶祝七十歲生日。我跑去觀看那個在D-day執行諾曼地登陸時的知名海灘；我的父親當年也曾參與登陸行動。退潮時，奧馬哈海灘看起來就像一片綿延好幾哩的斜坡，沉入遙遠的海面，沙粒看似無窮無盡的延伸。要從那道漫長又潮溼的斜坡往上跑，還要面對德國人的槍枝，肯定需要難以想像的勇氣。經過數千名在當天死亡的亡者墓碑時，必須保持肅靜、尊敬以對。但是，在我開始閱讀關於德國人如何防守的記載時，我意識到美軍的登陸之所以會成功的原因之一，是因為德國人忘了腓特烈大帝的警告。他們因為聯軍的欺瞞手段而感到困惑，以致於把軍隊分散到法國的整個海岸線上。這使得聯軍得以孤立每支德國部隊，然後各個擊破。德國人因為沒有安排好優先順序，而輸掉一切，真是謝天謝地。

釋出產品

現在你的手邊有優先順序了，你也知道80%的價值來

自哪裡。你何時要釋出產品呢？在這個部分，Scrum也具有大幅加快價值創造速度的效用。無論你生產什麼，都會希望能把它盡快送到實際準備使用的人手中。你甚至會在開發出那20％的功能前就想這麼做，你會希望釋出的東西至少能提供一點價值，我稱為「最小可行產品」（Minimum Viable Product）或MVP。它應該會是你首度對外展現的東西。它必須具有多少效用？它必須實際能用，雖然對開發它的人來說，只有這麼一點東西就拿出來似乎有些難為情，但最好還是盡快把產品展示在外界面前！藉以取得回饋意見，做為補足決策迴圈與安排優先順序之用。它是0.5版、是能照相但無法對焦的相機、是只有兩張椅子的餐廳、是把疫苗發送到你想幫助的一百個村子裡的其中五個，它的完成程度幾乎要用可笑來形容。

不過，它卻能為你帶來回饋意見。相機的機身真的讓人很難拿，因為快門鍵設計在詭異的地方；椅子的木頭和桌子的顏色不夠搭配；和村子裡的長者互動時，你太過失禮而得罪人家，而那都是原本可以避免的。諸如此類的錯誤，寧願早一點在傷害還輕時就犯錯。

另外，在你正式釋出產品，或是首次揭露大型專案的成果時，你的東西必須是已經先調整過，並且已經找到顧客

所需價值的版本。若以相機為例，或許最後我們會發現，雖然愛拍照的人曾經透露相機的「風景模式」功能和「能夠在臉書上分享照片」的功能同樣有價值，但是在他們實際開始使用後，卻從未用過風景模式拍照，反倒是經常愛把拍攝的照片分享到臉書上。

這意謂著你可以優先開發顧客重視的功能，並在完成度只有20%的狀況下釋出產品。你清楚它並不完美，但已經趨近完美了。假如還想琢磨得更完整後再釋出，只是平白

價值曲線 ： 交期大幅提早

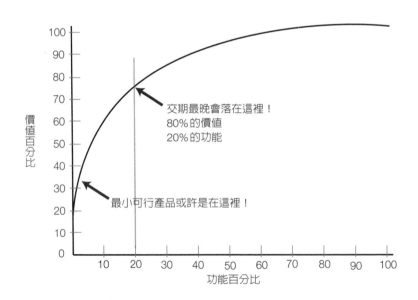

失去發掘其他價值的機會而已。

這種流程的出色之處在於，它是不斷循環的，只要
「一再重複」即可。一旦人們用過你的產品或服務，或是察
覺到生活因而改變，他們就會告訴你下一個最有價值的地方
在哪裡。等到完成20%的時候，就再次釋出，以此類推。

在這種略有新東西就釋出的流程下，等到你完成初始
產品或計畫的一半內容時，你等於已經在一半的時程裡釋出
200%的價值。這正是Scrum的真正威力所在，也是它之所
以能徹底改變工作方式與生活方式的原因。別把心力放在要
把清單中所有大大小小的東西全部做出來，而是應該專心做
出有價值的部分，也就是人們真正想要或需要的。

增加價值 —— 大幅改善成果

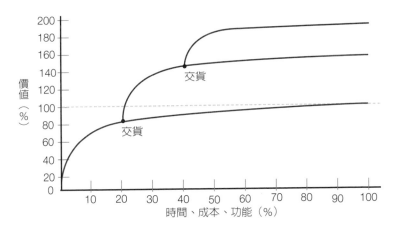

我想起來自伊拉克或阿富汗的幾個故事。故事是這麼說的：美國一個野戰排來到城裡，環顧四周後說：「這裡的人在養雞，我們來幫他們興建一座雞隻處理廠。」於是他們花費數百萬美元打造一座最現代的雞隻處理廠。他們並未考量到當地幾乎沒有穩定電力，也沒有考量到居民幾乎都不識字，要把他們訓練到懂得使用設備非常困難。後來又有人來到城裡詢問居民道：「你們覺得真正對你們有幫助的是什麼？」居民們說：「如果能在河面上蓋一座人行橋會很棒，那樣一來，我們要去市場時就不必花費半天的時間走到最近的渡橋了。」這座人行橋只花費數百美元就興建完成，雖然它看起來遠比大型廠房遜色，呈報給華盛頓的主管時聽起來也沒有那麼了不起，但是對這些居民而言，卻肯定比外觀光鮮、內部的設備閒置到生鏽的建築物來得更有價值。

　　另一個值得一提的重點在於，有時候你可以因而及早做完事情。假設你正為「鬧鐘」公司開發一種下一代的超級鬧鐘。你有一份上面列出數十種功能的清單：時鐘功能、貪睡按鈕、馬表功能、大聲鬧鈴功能、收音機功能、可充當iPhone底座、GPS功能，諸如此類。但是，要當一個稱職內行的產品負責人就得依照人們真正想要的功能安排優先順序：易於設定的鬧鐘、足夠的音量、收音機功能，以及清楚

的顯示面板，足以得知房間是亮是暗。等到你的團隊做出產品後，你會意識到他們創造出有史以來最典雅的鬧鐘。蘋果iPod的鬧鐘就是如此，不但外觀迷人，而且真的把一件事做得非常好。你不必讓自己的團隊為它多開發出什麼額外的功能，就可以讓鬧鐘上市了，而你的團隊還可以開始做下一個專案，做一些能創造出其他價值的東西。

花錢卻一無所獲與免費變更

在本書的開頭，我曾說過FBI那個「哨兵」專案的故事。如果你還記得的話，某家外包承包商花費數億美元卻打造出一個不管用的軟體。超出預估成本的最大原因在於變更所造成的費用 —— 幾乎所有承包案都是如此，不管是開發電腦軟體、設計飛機或興建大樓。許多承包政府標案的業者其實都是靠著累積變更費用來賺錢，他們會以較低的價格標到專案，因為他們深知自己可以藉由變更費用而獲利。當承包商在為數年計的長期專案簽約，以看似精美的圖表列出所有需求時，發包單位很難不說：「嗯，這樣夠了。」接著，承包商就會說：「我們答應會做這個，還有這個。如果你想提出任何變更，我們會額外收費。」這種事後加錢的收費方

式是導致超支的主因，以致於各大企業與機構必須為此設置「變更控管委員會」（Change Control Board）。從成本的角度來說，這麼做是合乎邏輯的，只要限制變更的次數就能限制因而產生的成本。

　　但這些這麼會算的人沒有料想到的是，這個制度等於是讓人把自己真正需要的東西往外推。他們是在努力節制成本，但是在這麼做的同時也等於限制了學習、創新及創意。假如你在展開一個專案後不久就發現，真正的價值所在，也就是那20%的部分，並不在你所安排的功能中，而是存在於另一批你在工作過程裡才發現的東西裡，這時，傳統的專案管理方法，不但會妨礙你進行變更，也會妨礙你以更快的速度創造價值。

　　再者，「嚴格控管成本」根本行不通！就算變更控管委員會努力限制變更，變更的需求往往大到無法阻擋，因為假如不做這些變更，專案將無法創造任何價值。因此，變更控管委員會只好心不甘情不願地准許變更，專案的成本也就增加了。接下來就會又有另一個必要的變更，然後再來一個。要不了多久，專案就超支數百萬美元，還會延遲一年、兩年或五年。

　　所以我才會出「免費變更」的想法，只要在標準的固

定價格合約中加注變更免費。把所有你預期的功能一一列出；例如，假如你要打造坦克車，你要的可能是一輛每小時能跑七十五哩、每分鐘開火十輪、有四個座位、有空調等。任何你覺得自己需要的項目。製造商看過需求描述後會說：引擎的製造我會算成100點、裝填裝置我會算成50點、座位算5點，諸如此類，由上至下評估。到最後，每項功能都會有評估點數。根據合約，顧客必須與產品負責人密切合作。在每段衝刺中，他們都可以更改優先順序，任何在待辦事項清單中的項目或功能都可以移到任何其他地方。至於新發現而必須加入的功能呢？沒問題，只要從原本可開發的項目中扣除同等規模的功能即可。你們現在想把雷射導引系統加進去？好，這個項目相當於50點，那就從待辦事項清單的末了，把價值50點的低順位功能移除做為補償。

少數公司已經把這樣的概念運用到新的境界，只提供高價值的產品功能給顧客。幾年前，我曾聽過關於一家Scrum開發商的故事，他們取得一筆1,000萬美元的合約，是要為一家建設公司撰寫軟體。雙方簽訂二十個月後交件，但是Scrum開發商又加入一項條款：建設公司可以任意中止合約，只要支付剩餘合約價值的20%金額即可解約。基本上，只要軟體做出建設公司需要的東西，就能要求Scrum開

發商不必再繼續開發。

這家軟體開發商開始設定衝刺期，以一個月為一期。在第一個月結束後，客戶告知開發商新的開發方向，以期創造更多價值。第二個月結束後同樣如此。第三個月結束後，客戶中止合約，收下軟體並開始使用。他們已經得到自己需要的價值了。

現在來做一點簡單的數學計算，看看雙方如何獲益。在合約剛開始的三個月裡，客戶支付給這家Scrum公司150萬美元。為了提早中止合約，他們還必須額外支付剩餘850萬美元中的20%，也就是170萬美元。他們等於支付320萬美元，買到自己原本認為價值1,000萬美元的軟體，而且還提早十七個月收到產品。

同時，贏家不是只有他們。那家取得合約的Scrum公司原本預期的獲利率是15%，但是在前三個月裡只花費130萬美元開發軟體，卻收到320萬美元。獲利率從15%增加到60%，等於變成四倍。而且由於開發人員提早收工，又可以再去標別的案子。這不但是一門好生意，還是能夠及早退休的策略。

他們能做到這樣，是因為Scrum的設計。由於組成跨功能團隊，他們才能很快提升工作速度、在更快的速度下創造

更多價值。在每段衝刺結束時，都會有多一部分的產品已完成。這部分是管用的，是馬上就能使用的。在每段衝刺中，產品負責人都能根據顧客的回饋意見重新安排待辦事項清單中的順序。只要已經為顧客創造充分價值，大家就能停工。

Scrum就是這樣讓大家，包括團隊成員、Scrum大師、產品負責人、顧客及公司，都有共同的關注目標。每個人都會朝著同樣的目標、為了同樣的願景而努力：**盡快創造出實際的價值**。我非常相信世界上有雙贏這回事，不僅能賺更多錢，又能以更低的成本打造更好的產品，對我來說是很好的一筆交易。

風險

風險的管理是任何成功事業的要務，而 Scrum 可以降低你的失敗風險。三種最常見的風險類型是市場風險、技術風險及財務風險；或者換一種方式來說是：別人會想要我們在做的東西嗎？我們實際上能做得出來嗎？做出來的東西賣得出去嗎？

關於**市場風險**，我已談過許多。Scrum 可以協助你把市場風險最小化，因為它強調一次提出一點成果，可以讓你更

快把產品呈現在顧客的面前。而且由於很早就會有回饋意見可供蒐集，產品可以即時做小更動，不必等到你已經投資數百萬美元、意識到你開發的東西並不是顧客真正想要的，才被迫大幅修改。顧客在一開始會告知他們想要什麼，但是事實上有很多人都要等到嘗試過後，才會清楚自己真正要的是什麼。很多商業祕訣只會讓你快速失敗，我比較喜歡設想如何才能更快把東西做出來。

技術風險很有趣，是否能做出顧客想要的東西是一個棘手的問題，假如你製作的是需要廠房、機具及先期投資的實體產品時更是如此。

還記得那家生產家庭自動化系統的公司嗎？該公司的做法是採用所謂的「多選項式同步工程」，這個名稱的意思是「建立幾種不同原型，並在完整做出來之前看看何者最管用。」例如，業者知道自己要做的是攝影機，好讓顧客能在有人敲門時得知對方是誰、要不要開門讓訪客進入。攝影機最昂貴的部分，也是最需要前置時間的部分是鏡頭。是要做塑膠的、玻璃的，還是水晶的？哪一種適用於任何氣候？哪一種畫質最棒？哪一種容易刮傷？哪一種可以提供最清晰的畫質？不同鏡頭各要多少價錢才能生產？

他們並沒有要求顧客在一開始就做決定，然後全力生

產產品，而是先做出三種功能齊全的不同鏡頭讓顧客比較。由於這個舉動只是在解決要選擇哪一種鏡頭的問題，而且因為生產前置時間較長，必須先做這件事，因此他們用筆電攝影機的環境來測試這幾種鏡頭。測試的結果是，玻璃鏡頭最符合評估標準所需。但重要的是，顧客還是要先看看實際已經做出來的一點東西後才能做出判斷。顧客不是根據理論上的產品結構做判斷，而是有實際東西可以觀看與觸摸。處理完這個問題後，就能進入設計外殼、裝設鏡頭及影像處理器的階段了。業者把決定鏡頭一事安排在最優先，可望因此節省數百萬美元。蘋果公司的所有產品就是以這種做法出名，該公司通常會先做出十多種功能完全可用的原型，再來比較哪一種最好。這種做法可以讓不同想法都能迅速展現，又不涉及龐大的投資。

財務風險是導致大多數企業失敗的原因。這些公司已經做出好東西，但卻無法賣給足夠的顧客，也因而無法賺錢。經典的例子是，網路報紙與傳統報紙之死。當網路在1990年代開始興盛時，報社都很想把報紙的內容放上網路。有些報社的高層判斷，無論是實體報紙或網路報紙都會有人付費購買廣告，於是他們就把內容設定為免費。問題在於，廣告主願意為線上廣告支付的費用遠低於平面廣告的行

情，但產出內容的成本卻還是相同。有些報社則試圖為內容築起一道付費的牆，但是免費提供新聞的網站太多了，它們只好被迫跟著照做。要養一批四處採訪新聞的記者很花錢，你可以想像最後的結果就是全美有許多報攤都收掉了。

今天，多數的科技新創公司依然很流行這種「免費提供內容或服務，再靠著廣告賺錢」的模式，創業家們看到臉書或谷歌後會說：「我也做得到。」問題是，市面上根本沒有那麼多的臉書與谷歌。在網路問世的早期，當網路空間首度容許企業鎖定特定顧客區隔時，「超聚焦」確實有它的價值存在。但是，隨著愈來愈多的平台興起而促成這件事後，這種能力就失去價值了。

另一個企業在財務上失敗的原因是，為了得到顧客而付出過多費用。酷朋（Groupon）與 Living Social 等團購公司就是例子。這兩家公司在剛成立時都輕而易舉地迅速吸收到顧客，但是當它們擴大版圖、建立客流量後，想要吸引新的廣告主與更多願意購買優惠券的顧客，所需要的成本就會愈來愈高。看看這些公司的市值即可知道結果。

Scrum 對企業的幫助在於快速回答關鍵問題：我們做這個能賺錢嗎？迅速對顧客釋出有新進展的不同版本，就能知道自己創造的顧客價值何在，以及他們會願意為什麼樣的東

西付費。就算你第一次的猜測是錯的，你還是可以調整。你輸掉的頂多就是你投資那幾段衝刺中耗費的時間與精力。相較之下，這總比「耗費數百萬美元打造龐大又複雜的基礎架構，最後才發現別人雖然喜歡你的產品，卻沒有喜歡到願意為那麼昂貴成本付費的地步」來得好。

明天你該做什麼？

明天你該在自己的工作地點做什麼來推展 Scrum？第一步就是擬定待辦事項清單、組成團隊。產品也好，服務也罷，想想你對它所抱持的願景，然後開始把為了實現願景而必須要做的事拆解成小項目，不需要很多，只要一個星期的待辦事項清單就好。等到團隊成員在舉辦每日立會、推展第一段衝刺時，你就可以利用這段時間擬定充足的待辦事項清單，好讓團隊在接下來的兩段衝刺有事可忙。但是，你要隨時盯著待辦事項清單，因為隨著你的團隊作業加速，他們就會開始創造出超乎你想像的東西。

然後，身為產品負責人的你就要製作一張自己認為事情演進的路線圖。你覺得本季能完成什麼？你希望今年的進展到哪裡？重要的是，你必須記住這只不過是你當下的想法

而已，無須列得太過詳細，只要預估就好。你不是在為了可行事項擬定有約束力的契約；你只是要確定，你覺得過一段時間後的進展。相信我，情境是會改變的，而且還可能會是大幅改變。

要做出這類規劃的原因是，要在組織裡創造透明度。如果你有一個業務團隊，他們必須知道你們正在進行什麼功能，才能開始做行銷工作。領導階層必須知道營收來自何處、何時會有營收，以及會有多少的營收。重要的訊息是，每件事都是在眾目睽睽下完成的，任何人在任何時候都能看到產品的發展，都能看到每個故事在 Scrum 板上一路移動到「已完成」。任何人都能繪製故事點與時間的燃盡圖（Burndown Chart），看著這條美好而平穩的曲線朝著零而去，或者說是逐漸消失殆盡。任何人都知道，你們團隊在上一段衝刺中完成多少的故事點、在下一段衝刺中預計完成多少的故事點。任何人都知道，營收與成本就是用以評估身為產品負責人的你的表現。

假如你在一個有多個 Scrum 團隊的地方工作，你很快就會發現自己必須組成一個產品負責人小組，才能擬定出足夠的待辦事項清單提供工作團隊耕耘。或許你需要一個專門負責策略與顧客互動的產品負責人，以及另一位較偏向戰術

面、決定團隊每段衝刺工作內容的產品負責人。

　　但重要的是你要動手去做，動手就對了！Scrum的設計就是要讓你在幾天內就能啟動一支隊伍。準備好你的待辦事項清單、安排好你的第一段衝刺，然後就可以開始了。你不必花費大把的時間規劃、反省、沉思、陳述使命，或是做為期五年的預測。這些事就留給競爭者去做，就讓他們望塵莫及吧！你何不沿途把世界變得更美好呢？在下一章裡，我就會教你怎麼做。

本章重點摘要

擬定清單，檢查兩次。建立一份清單，裡面是所有你在專案裡可能做到的事，然後安排優先順序。把最有價值、風險又最低的項目放在待辦事項清單的第一位，再列下一個和下下一個。

產品負責人。負責把願景轉換成待辦事項清單；必須了解案件、市場及顧客。

領導者不是老闆。產品負責人決定必須做的事項與原因，至於該怎麼做、由誰來做則是團隊自己的事。

產品負責人：有專業領域的知識，以及做最終決定的權力。必須讓人找得到發問，以創造價值為己任。

觀察、導向、決定、行動（OODA）。觀看策略情境的全貌，然後迅速採取戰術行動。

恐懼、不確定性及懷疑。主動總比被動好，掌控競爭對手的OODA循環，在他們自亂陣腳時打敗他們。

花錢一無所得，而免費卻能變更。唯有在新事物能帶來價值時才去創造它。要做好心理準備，必要時可能要把它們換成需要同等心力的其他事項。你一開始覺得需要的，從來不會是你實際需要的。

第 9 章

改變世界

Scrum 誕生於軟體開發的世界，現在正席捲無數涉及把工作完成的其他領域。現在有各種企業都在用 Scrum 做事，從打造火箭到管理薪資單，乃至於召募員工，什麼樣的事都有。Scrum 也出現在從金融到投資、從娛樂到新聞報導等各個層面。我不時會訝異於一套我在 1993 年率先採行用來協助軟體開發的流程，竟然證明它是廣泛適用的。Scrum 能夠提升人們的做事速度，無論你做什麼事都一樣。

　　事實上，我已開始看到 Scrum 出現在一些最讓人難以置信的領域，利用它來處理人類最棘手的問題。來看看有什麼問題是屬於這一類的。例如，生活在貧窮中的人不但可能自尊較低，也可能導致許多社會問題，像是犯罪、自甘墮落，乃至於戰爭與破壞；另外，我們的教育制度也是，讓全球的學生無法學習好的事物，教育並沒有把 21 世紀的技能教授給學生，而是以 19 世紀創造出來的教學法和學習法讓學生深陷泥淖之中。我還想到另一個發生問題的領域是政府，它從很多層面來看都已失靈，照著數百年前形成、看起來似乎早已不符合現代生活方式的想法運作。

　　看到最近非洲民眾死亡、校園暴力，或是當權者永遠都在作秀的消息，我們很容易只是兩手一攤，覺得無能為力。但是，我們有時候真的覺得，怎麼會有那麼多令人無言的狀

況。然而，這些難解的問題恰好就是我們在設計Scrum時要處理的。在這些案例中，現在都有人引進Scrum協助解決問題，而且就如同在企業界一樣，已經創造出顯著的成果。

教育

從某些角度來看，全世界的臥室社區（bedroom community；譯注：即近郊社區之意，指早上到都會工作，晚上回去居住的社區）都是一樣的。它們距離大都會約莫幾哩遠，人們在那裡購置較平價的房屋、養育家庭，也讓孩子就讀附近的學校，不會像大城市的學校有那麼多的問題。

萊茵河畔阿爾芬（Alphen aan den Rijn）就是一個相當典型的臥室社區。它地處荷蘭西部，介於萊頓（Leiden）和烏特列支（Utrecht）之間，距離阿姆斯特丹約莫四十五分鐘的車程。當你在平日開車前往當地，你會發現車流都往你的反方向行進，迎面都是要到其他地方工作的居民。農村裡滿是牧場與風車，新舊交雜。

城裡的交通幾乎都靠自行車，其中有好幾百輛都是往當地的公立中學阿薩蘭姆學院（Ashram College）前進。這所學校和這個城鎮一樣，是相當典型的荷蘭學校。全校大約

有一千八百名學生，年齡在十二歲到十八歲之間。荷蘭很早就會依照學生的志趣分班，把學童劃分到三種不同的課程中：一種是基礎專業課程，目的是培養出一群生產各種東西的人，像是美髮師、技師或祕書；另一種是高等專業課程，培養的是護理、管理及工程人才；最後一種則是大學預修課程，提供給準備攻讀醫學、法律或研究的學生。

就讀較基礎課程的孩子們可以在十六歲時進入職場；而就讀較高等課程的孩子們，二十多歲的大半青春都會用在接受大學與專業教育上。這三種課程都有一些共同的核心學科，雖然大家是分開上課。在阿薩蘭姆學院中這三種課程都有，化學就是其中一門核心學科，全校各年級都是由威利・韋南德斯（Willy Wijnands）授課。

相信各位對於高中時的化學都還有印象：實驗室的桌子面對站在最前面的老師排成一排又一排，或許是一個星期上課本的內容，接著有幾天的時間就由大家各自尋找實驗夥伴，一起實際操作化學問題。但是，學生們往往太重視選擇誰當實驗夥伴，把它當成一種完成操作的策略性手法。或許你在學生時代很喜歡化學，或許它無聊到讓你想哭，也或許「絕命毒師」（Breaking Bad；譯注：美國熱門影集，講述高中化學老師利用專長犯罪）這部影集讓你對實驗技巧高超所

能帶來的金錢報酬，或是對於挑對實驗夥伴的重要性，都有了新的體會。無論你的經驗如何，一旦老師開始講到共價鍵或是一些深奧的概念，幾乎可以保證你和同學們會望向窗外景物、信手塗鴉，或是想著坐在第二排那個可愛的男孩或女孩。面對現實吧！在美國的教室裡，一開始上化學課，白日夢就會隨之而來。

但是，在韋南德斯的課堂上並沒有發生這樣的事。「你看，」當學生們魚貫地走進教室就定位後，他如是說（非常奇怪，大家都站著沒坐下，就像立會一樣），「我不用特別做什麼。」現在是早上八點半，是一個九月平常的星期三，而韋南德斯的教室看起來卻沒有那種感覺。所有的課桌椅都不是整齊排列、面對教室前方，反倒是排成讓學生能以四人為單位，彼此面對面。

學生們並沒有在開始上課時就坐下，而是先打開一張上面貼有許多便利貼的大紙，固定在牆上後，再聚集在一起。那張大紙分成好幾個欄位。最左邊寫著「Alle items」，接著是「Te doen」，再來是「In uitvoering」，最後是「Klaar」。正如你所猜測的一樣，這幾個字的意思分別是「所有項目」、「待辦」、「進行中」、「已完成」。

在這幾個欄位的底部都另外加上四個標示：其一是

D.O.D.，也就是「完成的定義」（Definition of Done）；其二是Grafiek，指的是「燃盡圖」，用於顯示朝目標前進的進度；再來是回顧（Retrospective）與速度（Velocity），兩者是用來衡量在每堂課中完成多少「點數」。他們會通常以四週至五週為一段衝刺，結束時考試。

　　學生們在他們的Scrum板（或稱為「flops」，意指「掛紙白板」，在荷蘭都是這麼說的）標示出今天準備要上的課程內容。他們把自己認為今天能上完的課程，從「所有項目」移到「待辦」，然後開始動手。同樣的，就像韋南德斯

老愛說的，他什麼也沒做。

學生們打開自己的課本，開始自修，但更重要的或許是他們彼此互相教導。韋南德斯在教室裡走動，看著牆上的那些Scrum板和燃盡圖。有時候他會發現學生們出錯的地方；有時候他也會快速講解某個難懂的概念；有時候他則是從「已完成」那一欄隨機挑出一個故事，拿來問每個學生，以確保大家都懂得該懂的概念。假如學生沒搞懂，他就會把那個故事移回「待辦」欄位。現在你知道了，「完成的標準」有一部分在於「每個人都已經理解」。

學生們的Scrum板上確實有一個地方是他們特有的：「樂趣的定義」（Definition of Fun）。他們不但必須把事情完成，還必須享受過程。檢驗的三個標準是信賴、幽默，以及一個特有的荷蘭字眼 ——Gezelligheld。我想不到與之對應的適合英文字，它可以描述為「舒適」、「友誼性的交往」、「有趣」、「愉悅」、「與朋友久別重逢」、「與摯愛的人共度時光」，或者就是「歸屬感」。事實上，我深感震憾，因為當我身處於一個真正傑出的團隊時就有那樣的感覺。用它來描述支持、享受、希望、樂趣、舒適及興奮的感受，實在是再好不過了。

「老師不必扮演警察，」韋南德斯說：「我們現在有另

一種管理學生的方式，就是全部都由他們來做，他們甚至會自己指派功課！」每個小組都知道自己在教材裡負責哪一個部分、他們必須完成中間步驟的日期，以及大家是否必須在課後做什麼作業來及時學會教材內容。「他們都是自我組織；他們開發出來的學習方式比過去更聰明、更迅速，有個小組是先出好考題再往回設計。他們是一群十一歲的孩子，當我說『我不能用好來形容你們』時，他們的臉色都是一沉。」韋南德斯露出他極具感染力的笑容道：「然後我就會說：『因為你們實在是棒極了！』」

據韋南德斯描述，他在上課的第一天就把Scrum（或稱eduScrum）教給學生了。大家要做的第一件事就是組成跨功能小組。每位學生先把自己歸入不同的類別中，像是個性勇敢、喜歡數學、會關切別人的感受，乃至於「勇往直前，邁向目標」。接著，他會要求學生們組成跨功能小組，每個小組都要擁有學會教材所需的所有技能。據韋南德斯透露，這可以讓孩子們學到與化學同等重要的事，例如如何與人合作，以及要尊重那些擁有和你不同技能的人才。

提姆‧詹森（Tim Jansen）現年十七歲，就讀高三。他使用Scrum已經三年了，正準備進入大學攻讀化學。他看來像是一個典型的技客（geek），人很聰明，但是或許在社交

能力上並沒有那麼成熟。「我這個人學東西比別人快，」他說：「但是和大家合作時，我自己也會改善、會進步。當我講解內容給別人聽時，我自己就會多一層領悟。」他轉向正坐在桌子對面的古底斯‧茲華絲（Gudith Zwartz）說：「她知道她可以問我教材內容的事，我也可以問她怎麼組織，她組織內容的能力比我好。」

茲華絲看起來與詹森相當不同：身材苗條、漂亮、有一頭金髮。「你會更了解同學，會清楚哪一個人擅長哪一件事。」

「Scrum可以幫助格格不入的人和其他同學更融洽相處，」和她一樣漂亮，也很時髦的好友莫妮卡‧鮑恩絲（Maneka Bowens）插話道：「有時候是你選小組，有時候是小組選你，你會發現他們都有某些比你厲害的地方。」

韋南德斯說，那樣的學習也是他推動這種學習法的用意之一，讓自己原本沒有察覺到的技能浮上檯面。一個人的重要技能絕不會只有考試中能測驗出來的那些，協助學生們試著找出並看重自己與別人身上的不同能力，是一種21世紀的技能，也是每個人都必須學會的。

學生選好小組後，老師就會教他們如何以點數評估事情，而不只是以幾小時或幾天來評估。接著就會由學生使用

「規劃撲克牌」，用費氏數列的數字針對他們在教材中必須學習的各個部分衡量其相對大小。韋南德斯把點數的概念說得很簡單。「忘掉過去你們學過的衡量標準，現在沒有絕對標準這種東西。假如我的體重是50點，」他說，然後指向一個身材苗條的高中女同學問道：「妳的體重是幾點？」

「唔，40點？」她猜測道。

「喔，真感謝妳！如果是我來猜，會猜20多點。」

在每次課程結束後，各個小組會召開回顧會議，詢問自己下述問題：「哪些事做對了？」「哪些事原本可以做得更好？」以及「我們小組能如何改善？」

韋南德斯說，把焦點放在團隊讓學生的父母感到很驚奇。他說，有個媽媽來電表示，她的女兒一手包辦所有事情，為何她的女兒要被迫幫大家做事？

「我告訴她，那位女同學必須鼓起勇氣告訴別人，你們必須多做一點事。她真的這麼做了，她的考試成績也進步了。那位媽媽後來又打電話感謝我。同學們不但要學會為自己做事，也要學會如何合作。」

阿薩蘭姆學院中的班級都很有活力，而這股活力也轉換為成果。在荷蘭的學校評分制度中，能在1分至10分中拿到5.5分就算及格。但是，在韋南德斯的班上，7分才算及

格，學生們也都符合這個標準。他說，同學們去年一整年的成績進步10%以上。

韋南德斯是從女婿那裡得知Scrum的存在。他的女婿是荷蘭一家大型科技公司的員工，該公司也使用Scrum。他教書近四十年，他表示Scrum是他窮盡一生一直都在尋找的東西：一種讓孩子們自己教自己、自己評量自己與同學技能水準的方法。非但如此，還很享受過程中的樂趣。

關於Scrum還有一件重要的事得說：它很少是確定下來後就長久不變，而是原本就設計成要一傳十、十傳百。例如，在這些荷蘭的學校裡，eduScrum不是只靠一個人推動，即便那個人是像韋南德斯這麼出色的老師。一開始或許是由他率先發起的，他可能也說服少數幾位同樣在阿薩蘭姆學院教授化學的老師一起嘗試這種做法，而現在這套東西已經有愈來愈多的人使用了。在企業社群的支持下，現在荷蘭已經有一個eduScrum基金會，負責訓練老師、教育學校弄懂Scrum。該基金會迄今已經訓練出七十四名老師 —— 分別來自十二所學校，各個學科都有，未來預計每年還要再訓練來自十五所學校的六十名老師，這意謂著五年內將會有三百多位教師與七十五家以上的學校參與。這是一個好的開始。我和全荷蘭幾位採用Scrum的老師碰面，他們告訴我這

算是新版的蒙特梭利教學法，他們認為這是一場運動。

不過，這場運動並不是只發生在荷蘭而已。在亞利桑那州，有一所專供鄉間貧困的美洲原住民學生就讀的學校也採用了Scrum，同時有幾所大學開始教人使用Scrum。在哈佛商學院，他們建立一間名為創新實驗室的新教室，所有的授課都是以小組為單位。哈佛商學院的竹內弘高教授告訴我，以小組為教學對象時就該用Scrum。

我造訪阿薩蘭姆學院時，曾和一些學生交談。當我問他們有什麼問題時，一個男生舉手說：「我真不敢相信你是為了電腦軟體才設計這套東西的，我覺得它根本就是為高中教學而設計的。」

當我看著這個年輕人時，忍不住熱淚盈眶。後來我才知道他原本是一個自閉症患者，在接受Scrum式的教學前，他對課業一直很不投入、十分消極。Scrum讓他得以更積極前行、讓他真的能享受校園，也讓他成為一個更好、更健全的人。幾年前，當我還在努力拯救幾家軟體公司時，並沒有想到自己所創造的東西竟然也能幫助拯救別人的人生。

但是，Scrum真的有這個能力，而且效用最大的應用地點或許是在烏干達的農村。

貧窮

烏干達是全球最貧窮的國家之一，有三分之一的國民每天只有不到1.25美元可供生活。烏干達人大多數都居住在農村，大家普遍貧窮，都要耕種家裡的一小塊土地來努力維持生計。

這些地區多半位處偏僻，距離最近的市鎮可能得徒步走上幾天。家庭很難送小孩去上學，因為做父母的需要孩子幫忙耕種，女生更是容易很早就輟學了。人民的平均壽命是五十三歲，活產嬰兒的死亡率超過5%，每年會有大約六千名婦女因為懷孕時的併發症而死亡。要當一個在烏干達農村生活的農夫並不容易。

鄉村基金會（Grameen Foundation）是由諾貝爾獎得主穆罕默德・尤努斯（Muhammad Yunus）的鄉村銀行（Grameen Bank）所創立，也是提供微型信貸給孟加拉極貧階層的先驅。該基金會致力於協助全球貧民脫離貧困，但靠的並不是施捨，而是善用貧困族群未被重視的力量。他們在烏干達就決定這麼做，把分享知識、建立知識的能力提供給貧民。

具體而言，他們在貧困的農村地區召募一千兩百人，稱這群人為「社區知識工作者」（Community Knowledge Worker, CKW）。該基金會已經開發出用於提供微型信貸與付款的手機應用程式，也決定不但要供應融資資訊，還要供應可在日常生活中應用到的資訊。以烏干達來說，就意謂著可以應用在耕種上。該基金會發送智慧型手機給社區知識工作者，藉此傳遞資訊，讓他們學到農業的最佳實務做法。

　　精實企業研究院成員暨敏捷專案管理師（Certified Scrum Master）的史蒂夫・貝爾（Steve Bell），最近造訪兩個偏遠村落，後來對外透露這套東西在當地的運作方式。社區知識工作者把一群農民聚集到田地裡站著開會，其中一個人帶來一株生病的植物。社區知識工作者很快檢視手機上的圖片進行比對，直到找到同樣染上這種病的植物照片為止。這時馬上就能查到對抗這種病的科學治療手法，不必仰賴昂貴的殺蟲劑或化學藥品，農民自己就能即刻因應。

　　貝爾說，迅速地把可據以採取行動的資訊傳給他們已經夠有用了，但是那款應用程式還能讓使用者與烏干達其他地區的農民取得聯繫。利用這樣的連結性，農民們可以把距離自己最近市鎮上作物的確切銷售價格（多半是幾天前的），分享給大家知道。過去，農民因為缺乏市場資訊，作

物的收購價全由看準這一點的中盤商決定，愛訂多少就訂多少，但是現在農民們就能得知中間商的利潤多寡了。

貝爾也告訴我，一名女子告訴他的故事：光是農業資料就讓她的作物產量加倍，而市場資訊也同樣讓她的作物售價翻倍。過去她賣出一批作物只能拿到300先令，但是在她得知市價是每批1,000先令時，她和中盤商議價，談成600先令的收購價。產量加倍，利潤又加倍，所花費的心力卻完全不變。這正是設計Scrum的目的，也是Scrum帶給她的。

艾瑞克‧卡馬拉（Eric Kamara）是鄉村基金會金夏沙（Kinshasa）辦公室的技術小組領導者，他的小組就是用Scrum開發應用程式。他說，每當有人要求他們開發某種功能集，他的團隊就會以1分至7分來評定以下三個問題：

1. 這件工作對於協助貧困族群的使命有多重要？
2. 該功能對社區知識工作者的工作有何貢獻？
3. 是否有合作夥伴能提供該功能？〔鄉村基金會喜歡和蓋茲基金會（Gates Foundation）之類的夥伴合作，而非獨力推動。〕

卡馬拉可藉由這樣的客觀標準安排工作項目的優先順

序。他表示，在導入 Scrum 之前，大家都希望所有的事能一次做好，但是因為非營利組織的資源有限，不可能什麼事都做，否則做了就會等於沒做。現在在每一段衝刺裡，會由需要某些功能的團體來決定需要的項目，接著他們就能在公開透明的過程中，確切看到自己需要的功能是如何開發出來的。這套做法可以讓資源有限的組織決定，能創造出最大衝擊的事項。

正如我在其他地方看到的，這樣的做法迅速擴散到其他設立在金夏沙的辦公室，具體影響他們朝九晚五的工作方式。過去，辦公室每週都會召開一次人人視為畏途的會議 —— 花費一個小時的時間更新現狀，會中確實陳述問題，也會抱怨問題，真正做的事卻不多。會議愈開愈久，大家散會時卻都感到不滿。唯一的成果可能就是找一個歸罪的目標，而不是找出解決方案。但是卡馬拉表示，現在每個團隊都有一個 Scrum 板，開會前很容易就能得知問題與阻礙所在。如今辦公室的主管只要四處走動，就能即時得知工作進度觸礁之處及困境所在，因為他只要看看 Scrum 板上顯示的狀況就好了。

假如你和非政府組織的人員聊過，就會發現他們共同的抱怨是，團隊裡滿是雖然有意志與承諾，但卻缺乏紀律的

人。Scrum能做的就是接納他們的熱情、幫助他們釐清做事的優先順序，就能充分運用那股熱情。

在企業中要應用Scrum很容易。只要你用了，營收不但會增加，而且還會增加很多。你可以用一半的時間做兩倍的事。但Scrum為人類帶來最光明的希望，是也能為那些投身於協助最貧困的人所使用。如果Scrum能幫助這些在邊緣地帶工作的人得到相同的成效，就等於是在實現更多的社會公益上邁出一大步。

這麼做不但能更快速實現公益，其成效還是可衡量的。Scrum賦予大家輕鬆評估進度的能力。以鄉村基金會為例，他們使用的方式稱為「脫貧進度指數」（Progress Out of Poverty Index），可衡量各項計畫的有效性。大家可以投票，看看哪些社區知識工作者在農村使用手機的效益如何、也可以針對不同做事手法做實驗，或是協助大家找到創新的脫貧方式。

對我來說，看到Scrum回歸它的根源，讓我感到非常驚喜。在我首度發展Scrum時，啟發我的正是鄉村銀行等微型信貸機構協助貧困族群同心協力脫離貧窮的手法。他們會找來一組貧民，請每個人各提出一項事業方案，說明如果手邊有25美元打算用來做什麼。有人的計畫可能是買一輛推車

在城裡的廣場賣水果；另一個人可能想買一台縫紉機做衣服賣錢。要等到這組貧民把提供給他們的貸款全部還清後，放款單位才會再出借更多的資金。貧民們每個星期都會碰面，看看能夠如何互助。這套做法的成果教人驚豔：一開始，買了縫紉機的女子要先賺到足夠的錢餵飽小孩。幾個星期後，她可能有多餘的錢可以幫小孩買鞋。接著，她就可以送小孩去上學了。再過幾個循環後，她就擁有自己的小事業，可以著手興建真正的房屋。當時，我告訴和我共事的軟體程式設計師說：「這些貧民沒有鞋子穿，但是他們卻能找到自己的脫貧之道。你們都有鞋子穿，但是沒有軟體。他們都能找出一條彼此合作、脫離貧苦的道路了，你們是否願意和他們一樣？」Scrum就這樣誕生了。

非營利機構只是我們能在社會公益方面帶來創新的一個領域。如果我們也用Scrum組織自己呢？好比政府機構？

政府

政府所指的不單單是管理公共事務的機構，像是如何建設道路、安排警力，以及設置法庭與汽車管理局等，也代表著我們這個族群如何定位自己。政府就是把我們對自己的

認知明文化成為法典的結果。

在美國，公民的基本期盼都羅列於一件文件中，它是由一群反叛份子所簽署的，當年他們若不同心協力，恐怕早就被吊死了。這份文件的名字就叫獨立宣言。獨立宣言是由一位有貴族感、充滿理想、家裡蓄奴的地主所起草，但內容卻掌握了那個革命年代的美國人期許自己成為何種人的根本想法：

> 我們認為，下述的這些真理是不證自明的：人人生而平等，造物主賦予他們若干不容剝奪的權利，包括生存權、自由權，以及追求幸福的權利。為了保障這些權利，人們才會建立政府；而政府的正當權力，就來自於被統治者的同意。

現代的我們實在很難體會，這些用詞所描述的內容有多麼偏離當時的常態。當時雖然啟蒙運動的理念已開始傳播，卻尚無民主政體存在。統治都是由上而下的，統治者的權力不是神授，就是藉由武力。全球大多數的地區都受到龐大帝國所統治，除了大英帝國以外，還有法國、奧地利、蘇俄及土耳其。說得客氣一點，這種「人權來自天賦，而非由

當權者給予」的想法，在當時可以說是革命性的。

　　「共和」是一種從這些理想中誕生的政體。就像布魯克斯的機器人在學走路一樣，美國也是步履蹣跚、跌倒、摔跤，不巧徘徊到錯誤的那條路上。但是，那些理想卻激發全球各地的革命，今天大多數的主要國家至少在形式上都是由聲稱代表人民的人所治理的。

　　當然，問題在於兩百多年來形成的官僚主義，其中有各種潛藏於政府結構中的永久利益，使得政府難以聽見人民的聲音。無論是小規模的官員收賄提供服務，或是大規模的大銀行，藉由利益私有化與社會損失，來累積自己的財富，貪腐都是因為缺乏透明度，及權力集中於少數人手中所造成的結果。

　　在全球大多數的首都中，都存在著一批永遠霸占政府的文武百官。發包有回扣、有錢賺，權力來自於人脈，而非來自於你的貢獻。最明顯的例子莫過於政客、軍事將領及高官們從政府轉戰產業，又轉戰回政府。有多少四星將領是國防承包商主管？有多少參議員變成說客？有多少前政府官員變成貿易團體的領導者？人數加起來會讓你瞠目結舌。

　　但是，如同我在第三章曾強調的，找尋邪惡的人並無意義，而是應該要找出邪惡的體制。譴責只會拖慢事情的進

度，所以我們還是別輕易陷入基本歸因錯誤的陷阱吧！我們反而應該提出一個有機會實際帶來改變的問題：「是哪些誘因促成負面行為？」我真的很懷疑，有多少這些官場中的惡棍真的覺得自己很壞？我敢打賭，他們大多數都還是內心良善的，而是制度和我們讓他們變成如此。但是，我們該如何改變這個狀況？我們該如何鼓勵透明度、有價值的事先做，以及權責相符？你知道答案是什麼：Scrum。

先來看看距離華盛頓特區西方數千哩的華盛頓州首府奧林匹亞（Olympia）。

過去的兩任執政團隊，先是共和黨，現在是民主黨，已推動他們宣稱的「精實政府」。現任州長杰・英斯利（Jay Inslee）在2012年秋季一場競選訪談中曾說：「州政府所做的許多事都是在做決定，我們希望可以找到一種能讓辦公桌面的文件量變少的做事方法。」[1]

州長的政見中，有五項主張應該是任何競選團隊都會提及的：1. 打造從學前到大學的「世界級」教育體系；2. 打造「經濟榮景」；3. 讓華盛頓州在永續能源暨清潔環境上成為全國領導者；4. 健全安全的社區；5. 效能、效率及負責的政府。

這些都不是革命性的目標，而是人民原本就該期待

政府做到的。這些東西聽起來之所以會像陳腔濫調，意謂著它們很重要。畢竟，陳腔濫調不過就是一再被重複講述的事實，次數多到足以成為變得陳腐。但是，英斯利執政的不同之處在於推動的方式，他們的新手法符合SMART原則：具體（Specific）、可衡量（Measureable）、可實現（Attainable）、相關（Relevant）、有時限（Time-bound）。換句話說，他們想要使用Scrum，而且也真的用了。

　　華盛頓州政府的資訊長辦公室不僅負責技術的採購，也負責技術的建置。資訊長辦公室由二十人組成，他們必須確保不會發生可能造成數千萬美元損失的大規模資訊系統失靈。此外，該部門也負責為一些涉及核發駕照、發放失業救濟金、管理魚類與野生動植物的政府單位執行資訊系統升級的工作。2012年，他們審核總計超過4億美元的八十項資訊需求，並且提供各單位執行州政府政策的相關標準和指引。

　　對此，他們採用Scrum的做法。他們真的把辦公室裡的隔板全部拆除，組成多個Scrum團隊。副資訊長麥可・迪安傑羅（Michael DeAngelo）表示，他們每週都會努力地把可行動、可執行的政策提供給州政府各個部門。

　　「我們正在改進各單位呈交投資計畫的流程。我們訂定的目標是，每週都預計要改變一件事，採用一次一點點的漸

進式手法。每週我們都會有一種足以公諸於世的產出，各單位看了都會有感。事實上，都是一些很具體的東西。」以他們的狀況來說，「足以公諸於世的產出」指的就是政策面可採取行動的改變。其實不必太了不起，只要有某些或任何足以創造價值的成果就行了。

他們並未試圖建立一份至高無上的龐大文件，來規劃撥款流程的每一個小細節，而是決定一點一點地建立文件。他們希望每週都能讓華盛頓州的治理方式變得更好一些。

據迪安傑羅表示，這樣的做法引發大家的不同反應，有人極其擔心無法做出完美產品。2013年8月，他說：「這是上星期的事而已，我們調整了顧客致電給我們的方式，但仍有許多文件上記載的是舊有的做法，就是我們的網站、公文之類的。因此，我們必須（先）改掉周邊的這些內容。我們決定不觀望，直接動手去做，在下一段衝刺中我們就要更新文件。另一種選擇是，在幾個月內都不提供給他們更好的做法……但這麼做是在剝奪他們的價值。」

資訊長辦公室在做的另一件事是，試圖把Scrum推行到國家官僚體系中。這也是他們之所以會在自己的流程中改採Scrum的原因，由自己充當範例，才能講述更多的經驗談。效益實在太多，沒有理由不這麼做。

但是，仍存在一些阻礙。迪安傑羅表示，他們意識到一件事，在某些狀況中瀑布法已經實際深入州法，要改變非常困難。華盛頓州撥款是以兩年為一個循環，「必須申請較大筆的經費，沒辦法用『我們會繼續增加價值，一直到你們喊停為止』這樣的說法，」迪安傑羅道：「政府要看到的是這件事預計花費這麼多錢，（以及）會在這段期間裡得到這麼多的價值，這樣他們才能讓州民知道有在做事，即便我們都清楚那種做法的效能差多了。」

　　部分問題出在，美國無論在聯邦或州的層次，立法都是分成不同委員會運作。其中一群立法人員關注教育、一群關注犯罪、一群關注預算，還有一群關注社會服務。「這樣的立法方式都是片段式的，從來不會顧慮整體狀況。」在華盛頓州、奧勒岡州、加州、夏威夷州的州政府、郡政府及政府擔任顧問的瑞克・安德森（Rick Anderson）表示。他曾與立法機構合作，他說改變固然需要一些時間，還是必須讓它發生。他認為，華盛頓州的資訊長辦公室應該開始設定以績效為衡量標準的目標。

　　「來，X單位，這是你們的目標，這是你們預計應有的成果。等你們做到之後，就可以開始根據成果制定法條了。」他如是說。

在一個以Scrum導向、準備全面翻新的世界裡，立法當局要做的不是批准某項在河面上架設橋梁的計畫，而是要對公路管理局說：「我們希望未來能讓X數量的人在Y時間內、Z成本下在河道上觀光。至於你們要怎麼做到，就由你們自己決定。」在這樣的做法下就有發現與創新的空間。

相較之下，現在我們往往會看到許多執行到後來超支數億美元的工程專案，原因就出在人員推動專案時會發現新問題與新的解決手法。但是，我們應該鼓勵採用創新手法，不要讓變更控管委員會與繁複的報告篩除這樣的創新。

但是，我在本節開頭提到的那些理想又如何？透過一份文件而自行發展成形的社會？像是一部憲法？有個國家知道，想要制定真正代表人民意志的憲法，Scrum是好方法。

2008年，一場原本完全可以避免的金融危機正席捲全球。大型銀行一再容許根本不可能償還的呆帳，過度操作財務槓桿到失控的地步。當時，其中一個受到最大打擊的國家就是冰島。冰島的私人銀行是從政府分割出來的，在金融市場進行不少的高風險投資。就像華爾街那些人說的，假如你不知道房間裡誰是笨蛋，那麼你就是笨蛋。以這場金融危機來說，冰島就是笨蛋。對這麼一個小國而言，如此龐大的借貸教人瞠目結舌。根據最後的統計結果，冰島這些銀行的債

務總和是全國總預算的十二倍。當一切轟然倒塌時，冰島的「經濟奇蹟」也就隨之化為斷垣殘壁。

憤慨的雷克雅維克（Reykjavik）市民上街聚集到國會外敲打瓶瓶罐罐。在後來人稱「瓶瓶罐罐革命」的這場活動中，負責監管金融活動的政府垮台了。原有的政權下台，新的領導團隊承諾制定新憲法。

為了制定新憲法，一些官員決定把過程公開，並讓民眾參與。因此，他們組織一個制憲委員會，而這個委員會決定採用Scrum手法。委員會在每個星期都召開會議，敲定其中一部分的條文，並在每週四公告周知，同時透過臉書與推特蒐集民眾的意見。在幾個月內，他們就擬定一份贏得冰島人民壓倒性支持的新憲法。冰島人民透過這部憲法提出看待自己的全新觀點。

不幸的是，曾得利於金融詐騙的勢力展開反撲。反對者或而模糊焦點，或而抱怨，或而採取反人民意志的行為，使得新憲法一再延後提出。最後，只能眼睜睜看著同樣毀滅冰島經濟的那幾個政黨組成的新國會決定忽視新憲法。這場革命的關鍵要求遭到否決，至少到目前為止仍是如此。

這個世界一直在改變，得利於藏匿與欺瞞的人在不久就會發現，自己能躲藏的地方變得很少。Scrum正在改變他

們周遭的世界，他們固然可以做困獸之鬥，但是改變無可避免。Scrum就是這麼一個更速度、更透明，也更能因應人民需求的架構，最後它必將擊垮擋在眼前的政客。

不改變，就等死。

有一天我們會變成這樣工作

在本書前面的部分，曾探討「守破離」的武術概念。在「守」狀態的人會精確地照著規則走，因此學到的是過去的東西。處於「破」狀態的人會開始在規則中創造自己的風格，調整為適合自己的需求。處於「離」狀態的人，存在於規則之外；他們親身把自己的理想具體化。觀賞處於「離」狀態的真正大師，就像在看一件會動的藝術品一樣。大師的動作看似不可能，但那只是因為大師的血肉已經變成自己哲學的化身，他已經把他的理念具象化了。

我講這些引言是為了告訴各位一個事實：Scrum存在著一些規則，但是各位最好既能學會這些規則，也能超越這些規則。我把這些規則列在本書的附錄：「建置Scrum——從何著手？」裡，也已經花費好幾章的篇幅探討為何會有這些規則的存在。我希望藉此鼓勵各位，把這些規則應用在你的

生活中、你的公司裡，以及你的社區內。不過，這些規則有一個玄妙之處在於，它們固然能去除疆界，創造自由，但是對很多人來說，自由可能令他們恐懼。

維爾福（Valve）是一家學會讓員工自由、促使創新最佳化的公司。觀察這家公司的發展歷程，你就會知道大家可能都必須自我管理，無論是開發更好的軟體、幫助人脫離貧困、規劃婚禮或修繕房屋，都一樣無可避免。

維爾福成立於1990年代，是一家推出「戰慄時空」（Half-Life）與「傳送門」（Portal）等革命性暢銷之作的電玩公司。公司百分之百自行出資，智慧財產權也都是自行保有。在總計三百多人的員工中，絕大部分都在位於華盛頓州貝爾維尤（Bellevue）的獨棟辦公大樓內工作。該公司有五千多萬名用戶，每年營收達數億美元，而且沒有真正的負責人。

說來也很巧，維爾福的創辦小組一開始是從微軟脫離而出的。現在的微軟已經是一家與過去非常不同的公司，但是回到1990年代，微軟剛好就是由上而下管理企業的縮影，每個人的定位取決於他在企業金字塔中距離創辦人暨執行長比爾・蓋茲的距離有多遠。在那個年代，蓋茲仍是全球首富，而且現在依舊是富豪之一。

格雷‧庫默（Greg Coomer）是維爾福創辦小組的其中一名成員，當時他在帶領微軟某個開發小組的蓋比‧諾威爾（Gabe Newell）手下工作。庫默提到，就連大家使用的工具都極為注重一個人在組織中的地位。「當時在微軟有一種Outlook插件叫『組織圖』（Org Chart），任何人收到電子郵件，都會先去點那個插件，看看發信人在公司裡處於哪個地位，包括對方距離蓋茲有多遠、有幾個直屬主管、和自己是敵是友等，只要看看對對方在組織圖裡的位置，就能得知這些資訊。」

　　庫默表示，拉遠來看你會看到蓋茲在最頂端的龐大金字塔；但是拉近來看，你會看到一個個的小金字塔。「由上而下全部都是金字塔。」

　　但是，諾威爾的小組例外，裡面有幾百人，大家都直接向他報告。「在『組織圖』這個應用程式中看來特別顯眼，」庫默道：「和組織格格不入，而且也引發政治問題，因為他的小組沒有應有的管理者人數或正確的架構。」微軟的反應差不多就像白血球集體抵抗細菌感染一樣。當然，現在微軟內部已經有三千人屬於Scrum團隊，而且正朝著兩萬人邁進，但是回到那時候，這樣的「感染源」必須去除。

　　因此，諾威爾、庫默及其他幾人就離開微軟，自行成

立維爾福這家公司。幾年前，庫默試著編寫一本員工手冊說明維爾福的運作方式。裡面並沒有列出薪資等級，或探討眼鏡是否適用於幫員工節稅用的彈性支出帳戶，而是試著傳達維爾福的文化。

「我估算，員工得花九到十六個月的時間，才能把維爾福的行事風格內化。他們得花很長的時間，才能感受到公司賦予自己權力。」庫默說道。手冊的用意在於讓員工更快適應，但是庫默和其他創辦人一直在斟酌用詞，因為他們並不希望看起來像是高層在對基層說話一樣。第一節是「歡迎來到扁平世界」：

我們用這樣的方式簡短表達公司並沒有任何管理階層，也沒有人要向任何人「報告」。公司確實有創辦人／總裁，但依然不是管理者。這家公司是由大家掌舵，不但要航向各種機會，也要駛離各種風險。你們擁有核可專案的權力，也擁有推出產品的權力。

扁平架構去除你的工作與享受你工作成果的顧客之間的所有組織的阻礙。任何公司都會說「顧客為王」，但是在維爾福裡這句話更重要。公

司不預設任何紅線，各位可以自由地為自己找出
顧客想要什麼，然後提供給他們。

　　如果這時候你覺得：「哇！這聽起來似乎責任
重大。」你想得沒錯。[2]

　　來看看專案在維爾福是如何展開的：有人決定要做。
就是這樣，只要想好怎麼樣可以最善用自己的時間與精力，
怎麼樣對公司與顧客來說最好，就放手去做。那麼要如何找
其他人一起來做呢？用說服的方式。假如別人也覺得這個想
法很好，就會加入團隊，或是用維爾福內部的叫法，稱為加
入「陰謀團體」（cabal）。維爾福的幾百張辦公桌都附有輪
子，當大家開始合作一個專案時，就實際用辦公桌投票，把
桌子排成新樣子。

　　庫默向我說明一項名為「大圖像」（Big Picture）的產品
是如何用這種方式開發出來的。維爾福最主要的產品之一是
Steam平台，用戶可以下載遊戲與軟體。平台上有維爾福自
己的遊戲，也有第三方廠商的遊戲，這是現今把個人電腦遊
戲提供到使用者手中的主要方式。但是庫默回憶，在某個時
點，他和其他幾個人都擔心公司能觸及的使用者早已到了極
限，都突破五千萬了。

「（我們）開始思考公司過去是怎麼成長的？Steam 又是如何成長的？我們看到的只有自以為已經是所能觸及的最大使用者數量。我們希望能接觸到在其他地方的使用者，客廳裡的、手機上的都行。」

因此，他開始找一些設計人員和其他人聊聊。他說服這些人開發能應用在電視、手機及平板電腦上的產品是很不錯的想法，大家於是設想出「大圖像」的概念，這是一種把電玩供應到這些平台上的方式。但是，庫默說服的那些人並不具備足以把概念實現的技能。他們知道自己希望產品的樣子，卻沒有能力做出來。

「所以我們開始模擬產品的樣子，也製作影片來說明這樣東西會有多酷，我們就用這部影片找人參與專案。我們沒辦法做出來，（因此）必須召募做得到的人。」

他們找到了人，產品約莫在一年後推出。是誰決定推出的時日？負責開發的人；是誰認定產品已經夠好？負責開發的人。

「一家公司只要能調整成最有利於創新，通常都會透過移除內部結構與階層這種最釜底抽薪的方式促成改變，我指的是任何內部結構。」庫默道。維爾福一直都是如此運作的，他們不會等著危機前來迫使他們改變；他們經常都在主

動改變，公司每天都是這樣運作的。員工手冊裡寫道：

維爾福並不反對所有組織架構——它始終都會以不同形式突然出現，但都是暫時而已。不過，一旦階層或明文化的分工並非由小組成員自行設計，或是當這些架構已經持續存在過長的時間，就會出現一些問題。我們認為，這些架構將無可避免會開始服務自己的需求，而非服務維爾福顧客們的需求。階層也會召募適合其形體的人進來、填補次要的輔佐角色，藉以不斷強化自己的架構。其成員也會受到鼓舞，而參與利用權力結構的競租行為（譯注：是指利用制度的不完美或漏洞而圖利，未必非法但卻不正當），而非集中心力於純粹傳遞價值給顧客。[3]

看起來維爾福似乎無法防範搭便車的員工，無法阻止那些想要占這個制度便宜的人，不過，員工之間經常都會相互評核。每個人要做什麼，確實是由自己決定的，但是如果他們無法說服其他人自己提出的是好意見，它可能就真的不是好意見。庫默表示，公司成員無法舒舒服服地等著有人來

告訴自己該做什麼，反而是有一群同事會來告訴你，他們對於你打算做的事有何看法。

這個制度並不完美，任何由人組成的組織都是如此。但是在維爾福裡，一些人事議題都是團隊成員間透過彼此討論而率先提出來的，他們也可能會找外人諮詢。最後的結果或許是意見回饋，或許是嚴厲的糾正動作，甚至可能是解雇，但依然是團隊的決定。

唯一的例外發生在2013年。當時，維爾福碰到公司制度無法完全解決的問題。由於該公司也打算朝向硬體與手機發展，但是由於內部缺乏必要的技術，因此有史以來首度一口氣召募一大群人進公司，由這些人來處理。

但是，同時找這麼多的人進來，這些人又都不熟悉維爾福的企業文化，就造成一些狀況。部分員工並未依照傳統的維爾福之道做決定，而是告訴別人要做什麼，這並不符合維爾福訂定的高標準。正常來說，其他團隊成員不會容忍這樣的行為，但因為團隊裡全都是新進人員，其他同事也就缺乏足夠的自信採取維爾福式的行動。

「所以，有一群已經在維爾福待了一段時日的核心成員採取維護維爾福精神的行動，即便他們必須暫時拋開維爾福精神去做這件事。」庫默道。公司同時解雇幾十人。在和庫

默交談時，還看得出來他依然認為那是一次失敗。而且有趣的是，他稱為幾近生物本能的行動，和當年微軟對維爾福的創辦小組做的事一樣：變成一個攻擊外來入侵者，以保護整體的有機體。

「我們一直在探討這件事對我們既定宗旨的意義，為何我們非得用不符合宗旨的手法來處理它？」庫默回想道：「未來我們又該如何防範類似的問題？怎麼做既能解決問題，又不必仰賴一群待在公司多時的老臣？」他停頓一會兒，接著才自信滿滿地說：「明年此時我們應該已經想出解決之道了。」

他們對於自己的行事都很有信念，不斷追求讓人的自由、能力及創意最大化。或許偶爾會有一些小挫折，卻是一種高明到值得一再複製的經營之道。

「這是一種資本家創新，它的威力等同於許多改變工作本質的產業創新，」他說：「它實在太好用、太成功了，絕對能在全球成為一股改變的力量。」

他們用 Scrum 嗎？庫默說，沿著走廊一直走，你會看到許多底下附帶輪子的白板，上面貼滿便利貼。但是，他們並不強迫大家使用，而是讓大家決定最好的流程。庫默和其他創辦小組的成員對絕大多數的事都抱持著這樣的態度，盡量

不要告訴別人該做什麼。但是，在擁有選擇自由的狀況下，許多維爾福的員工已經自行決定要使用Scrum。而這對我來說就夠了。

你還沒看過太多像維爾福這樣的公司，但是每天都會多出現幾家，而且不只是軟體業而已。全球番茄加工處理大廠晨星（Morning Star）就沒有老闆。無論是業務工作、駕駛卡車或是處理複雜的工程，都是由每位員工和同事共同協商，決定彼此扮演的角色與承擔的職責。任何一家公司都一樣，首先你必須讓員工放自己自由，再讓他們承擔隨之而來的責任。

或者就像放克樂團Funkadelic在1970年所講的：「釋放你的思維……你的屁股就會跟隨。」

哪些事做不到？

憤世嫉俗或許是失望時的合理反應，但也是人類最具傷害力的一種天性。本世紀的頭幾年就充滿引發憤世嫉俗的各種元素：以愛國主義包裝、毫無意義的戰爭；無政府的恐怖主義偽裝成信仰；以意識型態包裝出貪婪的正當性；充滿野心、只顧追逐私利的政客。

憤世嫉俗的人會以一副「早知道會這樣」的口吻嘆氣道：「這個世界本來就是這樣，人類的本質就是腐敗而自私的，若你假裝這樣的事情不存在，就太天真了。」他們就是這樣畫地自限、把外在環境的限制合理化。

　　過去二十年來，我一直透過文獻深入探究是什麼因素造就卓越。答案很令人訝異：基本上，人類就是會追求卓越。大家都想做一些目標崇高的事，即使從小事做起，也要讓這個世界變得更美好。關鍵在於，如何排除擋路的大石、移除阻礙，讓他們實現能夠實現的事。

　　Scrum剛好就有這樣的功能。它不但會訂出目標，還有系統地一步一步地找出通往目標的路徑。更重要的是，它也幫你找出橫亙在眼前的障礙。

　　Scrum意謂著不憤世嫉俗。它不是在祈求世界變得更美好，也不是要向既有的這個世界投降，而是提供務實可行動的方法來促成改變。我知道有些Scrum專案是為了幫助命在旦夕的兒童製造疫苗、有的則是希望建造更平價的房屋、斷絕小規模腐敗、逮捕暴力犯罪者、消除飢餓，或是送人類到其他的行星。

　　上述我講的這些，沒有一個是空想的欲望，個個都是可行動的計畫。但是別搞錯了，這些計畫在過程中都必須在

各個階段接受檢視、修正及調整，但仍然一直處於動態中。全球各地都在出現行事循環加快的情形，推動著我們邁向一個更美好的世界。

那就是我希望各位看完本書後學到的：一套能夠用來改變事物、不必對既有現況照單全收的知識。

> 任何人都有夢想，只是夢想並不相等。夜晚在滿是塵埃的心靈深處作夢的人，白天醒來會發現只是虛華一場；但白天作夢的人則是危險人物，因為他們可能會目光灼灼地推動夢想，讓夢想成真。
>
> ——勞倫斯（T. E. Lawrence），《智慧七柱》（*Seven Pillars of Wisdom*）4

別聽信那些憤世嫉俗的人告訴你什麼事不可能會成功。你不但要成功，還要讓他們驚訝萬分。

本章重點摘要

Scrum可幫助人加快完成計畫。計畫的類型或問題並不是重點，因為Scrum可以用於任何的事情，藉由改善績效與成果。

學校裡的Scrum。荷蘭有愈來愈多的老師採用Scrum手法教授高中課程。他們發現，學生的考試成績馬上進步超過10%。目前他們正在針對所有學生都採取這樣的教學方式，無論是走就業路線或天資聰穎的學生都一樣。

脫貧的Scrum。在烏干達，鄉村基金會使用Scrum把農業與市場資訊提供給貧困的鄉村農民，成果是讓全球最貧困族群的這些人產出和營收都加倍。

撕了你的名片。去除所有頭銜、所有管理者、所有架構。讓人們自由去做他們覺得最棒的事，並且為之負起責任，成果將會讓你跌破眼鏡。

致謝

任何專案的成果，都不會只靠一個人的努力，而是一整個團隊的貢獻；這本書也不例外。

首先，我要謝謝我的兒子J. J. 薩瑟蘭。幾年前是他提議我們一起寫一本書，談談Scrum帶著我走上這趟真的十分神奇的旅程。當時他已經在美國國家公共廣播電台服務十年，每天接觸的不是戰爭，就是災難，他很想休息一下。而他覺得Scrum的問世、它管用的原因，以及它如何改變這個世界的故事，不但重要到值得講給大家聽，也非常有趣。你在手裡拿著的這本書雖然陳述的是我的故事，但卻是我和我兒子共事許多小時的成果，頁面上的文字也都是出自於他之手。

我要感謝最專業能幹的經紀人霍華德‧潤（Howard Yoon），是他要我們把思維的觸角放大、放寬、放遠。他的見解、建議、才智及淵博的知識，不但促成本書的問世，還讓它到達完全不同的境界。

和他那一行真正大師合作的機會並不常有，而我就是這麼幸運到不可思議，得以和王冠出版集團（Crown

Publishing Group）的編輯瑞克‧荷根（Rick Horgan）共事。有了他俐落而完備的修潤，本書的內容變得更棒，也更容易閱讀。我要脫帽向他致敬，我真的很感謝他。

我要謝謝主要產品負責人艾力克斯‧布朗（Alex Brown）、喬‧傑斯提斯，還有Scrum公司團隊的其他成員分享關鍵想法、無窮活力及深入的經驗。

我還要感謝：

竹內弘高與野中郁次郎教授，他們的著作觸發Scrum的想法，他們後來也成為我的好友。

我的共同創造者施瓦布，易怒而堅毅的他協助形塑出Scrum，並讓它發展成為今日的力量。

要最感謝的是我太太雅琳（Arline）。她一開始就陪伴我，身為一神普救派（Unitarian-Universalist）牧師的她也把Scrum介紹給多個教會。在她向我們展示如何在整個組織實施Scrum制度時，她已經讓這個世界變得更美好。

最後我要謝謝來自全球、每天實際奉行Scrum制度的數十萬名Scrum大師與產品負責人及團隊，是你們讓Scrum成為全球最有活力、最正面的一股力量；你們運用Scrum所創造的成果，也一再讓我感到驚奇。

建置Scrum —— 從何著手？

　　現在各位讀完這本書了，以下要概略介紹如何展開Scrum專案。這裡講述的流程非常粗略，但是應該足以協助你著手進行。本書正文寫的是Scrum背後的「為什麼」，附錄則是以簡短的形式教你「怎麼做」。

　　1. 挑選**產品負責人**。他必須對於準備要做的事、要開發的產品、要完成的事項懷抱願景。他必須把風險與報酬、可供運用的能力、可完成的事項，以及自己的熱情所在都納入考量（更多資訊詳見第八章「優先順序」）。

　　2. 挑選**團隊**。實際完成工作的人員是誰？團隊必須擁有足以滿足與實現產品負責人願景的所有技能。成員不要多，三人至九人最適當（更多資訊，詳見第三章）。

　　3. 挑選**Scrum大師**。這個人要負責教導團隊的其他成員遵照Scrum的架構行事，並協助團隊去除任何會拖慢速度的因素（更多資訊，詳見第五章）。

4. 建立**產品待辦事項清單**，並安排優先順序。這份清單概略列出所有必須打造或完成，才得以實現願景的事項。這份清單在產品的生命週期中會一直存在，還會加以進化；它是產品的發展路徑圖。

在任何時點，想要知道「團隊所能做到的所有事項，依優先順序排列」，產品待辦事項清單都要充當唯一且具決定性的資訊來源。產品待辦事項清單只會有一份；這意味著產品負責人從頭到尾都必須不斷安排與調整優先順序。產品負責人應該與所有利害關係人及團隊商量，以確保產品待辦事項清單既能反映使用者需求，又能顯示出團隊可打造的項目（更多資訊，詳見第八章）。

5. 修正與評估**產品待辦事項清單**。交由實際完成清單中待辦項目的人員來估算預計耗費的心力多寡是很重要的。團隊應檢視清單中的每個項目，研擬其可行性。是否具備充分的資訊完成該項目？該項目是否已經小到足以估算？是否有「已完成」的定義，也就是每位成員都認為應該符合才能稱為「已完成」的標準？該項目是否能創造可見的價值？各項目在完成後必須是可被展示與示範的，若有出貨的可能性會更好。別用耗費多少小時來估算單一項目，因為人們很不擅長做這件事，而是要以相對大小估算：小、中或大；或者

更好的方式是使用費氏數列估算各項目的分數高低：1、2、3、5、8、13、21等（更多資訊，詳見第六章）。

6. **衝刺規劃**。這是第一場Scrum會議。團隊成員、Scrum大師及產品負責人要坐下來規劃衝刺的內容。衝刺的時間長短是固定的，不要超過一個月。大多數的團隊都是訂在一週至二週。要從待辦事項清單的最上端看起，估算在這一段的衝刺中可完成多少。

假如團隊已執行過好幾段衝刺，應該把上一段衝刺中完成的分數列入考量。該分數就是團隊的**速度**，Scrum大師與團隊成員應努力在每一段衝刺中提高其數值。這也是另一個好機會，可以讓團隊成員和產品負責人確保所有人都已精確理解，這些待辦事項將如何協助完成願景。會中，所有人應該對於衝刺目標（Sprint Goal）要有共識，也就是大家希望在這一段衝刺中完成哪些事項。

Scrum的基石之一在於，一旦團隊已承諾要在某一段衝刺裡完成自己認為可完成的事項就確定了，不能改變，也不能再加入東西。團隊必須在衝刺期間自主工作，以完成自己預測可完成的事項（更多資訊，詳見第四章與第六章）。

7. **工作透明公開**。在Scrum中最常見的做法是弄一張列有三個欄位的**Scrum板**：待辦、進行中、已完成。便利

貼代表等待完成的事項，在團隊一件一件完成的過程中，同時也會在Scrum板上把便利貼移動到相對應的欄位。

另一種讓工作公開透明的手法是製作**燃盡圖**。其中一軸是團隊在這一段衝刺中尚待完成的分數，另一軸則是天數。每天，Scrum大師都會記錄待完成的剩餘分數，而後畫在燃盡圖上。在理想狀態下，燃盡圖會呈現一條陡直地朝向最後一天的「零」而去的斜線（更多資訊，詳見第七章）。

8. **每日立會**或**每日Scrum**。這可說是Scrum的活力泉源。每天在同一時間，最長不超過十五分的時間裡，團隊成員與Scrum大師見面，並回答以下問題：

- 昨天你做了什麼協助團隊完成這一段衝刺的事？
- 今天你打算做什麼來協助團隊完成這一段衝刺？
- 是否有任何因素阻礙你或團隊實現衝刺目標？

這就是完整的會議內容。假如召開這場會議的時間超過十五分鐘，就是開會的方式有問題。

這場會議的用意在於，協助整個團隊精確知道在這一段衝刺中每件事的狀況，是否所有任務都能準時完成？是否有任何幫助其他團隊成員克服阻礙的可能性？高層並不會分

派任務，因為團隊是自主運作的；工作是由他們自行安排的，不必向管理階層呈交詳細報告。Scrum大師有責任排除阻礙團隊前進的障礙或阻礙（更多資訊，請詳見第四章與第六章）。

9. **衝刺檢視**或**衝刺展示**。團隊要在這場會議中展現自己在衝刺中的成果。任何人都能與會，不僅限於產品負責人、Scrum大師及團隊成員，利害關係人、管理階層、顧客均可參加。這是一場公開會議，由團隊展示在該衝刺中得以移動到「已完成」欄位下的作業項目。

團隊應該只展示符合「已完成」定義的項目，也就是已經全部完成，不必再施加任何作業就能直接推出的東西。它或許稱不上是完整的產品，但應該是一項完整的功能（更多資訊，詳見第四章）。

10.**衝刺回顧**。在團隊已展現他們在上一段衝刺中的成果後（也就是納入「已完成」，而且足以提供給顧客換取回饋意見），要坐下來思考先前有哪裡做對了、有哪裡其實可以做得更好，以及在下一段衝刺中有什麼可以改善的。在流程中還有什麼是團隊馬上可以著手改善的？

為了讓這場會議更有效率，出席者在情感上必須夠成熟，彼此之間要具備互信的氛圍。更重要的是，開會不是要

找人出來譴責，而是要檢視過程。為何某件事會變成那樣？為何我們會疏忽？怎麼樣可以加快作業速度？身為團隊的一員，每個人為自己的流程與成果負起責任是很重要的，同時要一起找出解決方案。

此外，大家必須有勇氣提出真正干擾團隊運作的議題，並且要以找尋解決方案的角度切入，而非指控他人。團隊的其他成員也必須有雅量聆聽回饋意見，並在吸取意見後設想解決方案，而不是自我辯護。

會議結束時，團隊與Scrum大師應該對下一段衝刺中準備改正的流程具有共識。這種有時候會以「改善」（kaizen）稱呼的流程，應該列入下一段衝刺的待辦事項清單中，並擬定「驗收測試」（acceptance test），讓團隊到時候得以簡單判斷出改善是否已經落實，以及這項改善對團隊速度的效應（更多資訊，詳見第七章）。

11. 馬上展開下一個衝刺循環，把團隊的經驗，和針對阻礙與流程所做的改善加以反映。

各章注釋

第1章

1. Eggen, Dan, and Griff Witte. "The FBI's Upgrade That Wasn't; $170 Million Bought an Unusable Computer System." *Washington Post*, August 18, 2006: A1.

2. *Status of the Federal Bureau of Investigation's Implementation of the Sentinel Project*. US Department of Justice, Office of the Inspector General. Report 11-01, October 2010.

3. Ibid.

4. Ohno, Taiichi. *Toyota Production System: Beyond Large-scale Production* (Cambridge, MA: Productivity, 1988).

5. Roosevelt, Theodore. "Citizenship in a Republic." Speech at the Sorbonne, Paris, France, April 23, 1910.

第2章

1. Takeuchi, Hirotaka, and Ikujiro Nonaka. "The New New Product Development Game." *Harvard Business Review*, Jan./Feb. 1986: 285–305.

2. Schwaber, Ken. "Scrum Development Process," in *OOPSLA Business Object Design and Implementation Workshop*, J. Sutherland, D. Patel, C. Casanave, J. Miller, and G. Hollowell, eds. (London: Springer, 1997).

3. Deming, W. Edwards. "To Management." Speech at Mt. Hakone Conference Center, Japan, 1950.

第3章

1. Takeuchi, Hirotaka, and Ikujiro Nonaka. "The New New Product Development

Game." *Harvard Business Review* (Jan./Feb. 1986): 285–305.

2. MacArthur, Douglas. "The Long Gray Line." Speech at West Point, New York, 1962.

3. Ibid.

4. Feynman, Richard. *Report of the Presidential Commission on the Space Shuttle Challenger Accident*, Appendix F—Personal Observations on Reliability of Shuttle. Report (1986).

5. Warrick, Joby, and Robin Wright. "U.S. Teams Weaken Insurgency in Iraq." *Washington Post*, September 6, 2006.

6. Flynn, Michael, Rich Jergens, and Thomas Cantrell. "Employing ISR: SOF Best Practices." *Joint Force Quarterly* 50 (3rd Quarter 2008): 60.

7. Lamb, Christopher, and Evan Munsing. "Secret Weapon: High-value Target Teams as an Organizational Innovation." Institute for National Strategic Studies: Strategic Perspectives, no. 4, 2011.

8. Brooks, Frederick P. *The Mythical Man-Month: Essays on Software Engineering* (Reading, MA: Addison-Wesley, 1975).

9. Cowan, Nelson. "The Magical Number 4 in Short-Term Memory: A Reconsideration of Mental Storage Capacity." *Behavioral and Brain Sciences* 24 (2001): 87–185.

10. Nisbett, Richard, Craig Caputo, Patricia Legant, and Leanne Marecek. "Behavior as Seen by the Actor and as Seen by the Observer." *Journal of Personality and Social Psychology* 27.2 (1973): 154–64.

11. Milgram, Stanley. "The Perils of Obedience." *Harper's Magazine*, 1974.

第4章

1. Marvell, Andrew. "To His Coy Mistress," (1681).

第5章

1. Ohno, Taiichi. *Toyota Production System: Beyond Large-scale Production* (Cambridge, MA: Productivity, 1988).

2. Strayer, David, Frank Drews, and Dennis Crouch. "A Comparison of the Cell Phone Driver and the Drunk Driver." *Human Factors* 48.2 (Summer 2006): 381–91.

3. Sanbonmatsu, D. M., D. L. Strayer, N. Medeiros-Ward, and J. M. Watson. "Who Multi-Tasks and Why? Multi-Tasking Ability, Perceived Multi-Tasking Ability, Impulsivity, and Sensation Seeking." *PLoS ONE* (2013) 8(1): e54402. doi:10.1371/journal.pone.0054402.

4. Weinberg, Gerald M. *Quality Software Management* (New York: Dorset House, 1991).

5. Pashler, Harold. "Dual-task Interference in Simple Tasks: Data and Theory." *Psychological Bulletin* 116.2 (1994): 220–44.

6. Charron, Sylvain, and Etienne Koechlin. "Divided Representation of Concurrent Goals in the Human Frontal Lobes." *Science* 328.5976 (2010): 360–63.

7. Wilson, Glenn. The Infomania Study. Issue brief, http://www.drglennwilson.com/Infomania_experiment_for_HP.doc.

8. Womack, James P., Daniel T. Jones, and Daniel Roos. *The Machine That Changed the World: The Story of Lean Production* (New York: HarperPerennial, 1991).

9. Avnaim-Pesso, Liora, Shai Danziger, and Jonathan Levav. "Extraneous Factors in Judicial Decisions." *Proceedings of the National Academy of Sciences of the United States of America*. 108.17 (2011).

10. Vohs, K., R. Baumeister, J. Twenge, B. Schmeichel, D. Tice, and J. Crocker. *Decision Fatigue Exhausts Self-Regulatory Resources — But So Does Accommodating to Unchosen Alternatives* (2005).

第6章

1. Cohn, Mike. *Agile Estimation and Planning* (Upper Saddle River, NJ: Prentice Hall, 2005).

2. Bikhchandani, Sushil, David Hirshleifer, and Ivo Welch. "A Theory of Fads, Fashion, Custom, and Cultural Change as Informational Cascades." *Journal of Political Economy* 100.5 (1992): 992–1026.

3. Thorndike, Edward Lee. "A Constant Error in Psychological Ratings." *Journal of Applied Psychology* 4.1 (1920): 25–29.

4. Dalkey, Norman, and Olaf Helmer. "An Experimental Application of the Delphi Method to the Use of Experts." *Management Science* 9.3 (Apr. 1963): 458–67.

第7章

1. Lyubomirsky, Sonja, Laura King, and Ed Diener. "The Benefits of Frequent Positive Affect: Does Happiness Lead to Success?" *Psychological Bulletin* 131.6 (2005): 803–55.

2. Spreitzer, Gretchen, and Christine Porath. "Creating Sustainable Performance." *Harvard Business Review* (Jan–Feb 2012): 3–9.

3. Ibid.

4. The Fool, *King Lear*, act 1, scene 4.

第8章

1. Shook, John. "The Remarkable Chief Engineer." Lean Enterprise Institute, February 3, 2009.

2. Ford, Daniel. *A Vision So Noble: John Boyd, the OODA Loop, and America's War on Terror* (CreateSpace Independent, 2010).

3. Boyd, John. *New Conception*. 1976.

4. Ibid.

第9章

1. Shannon, Brad. "McKenna, Inslee Outline Plans to Bring Efficiency to Government." *The Olympian*, October 6, 2012.

2. *Valve Handbook for New Employees* (Bellevue, WA: Valve Press, 2012).

3. Ibid.

4. Lawrence, T. E. *Seven Pillars of Wisdom: A Triumph* (London: Cape, 1973).

財經企管 BCB545A

SCRUM
用一半的時間做兩倍的事
SCRUM: The Art of Doing
Twice the Work in Half the Time

作者 —— 傑夫‧薩瑟蘭 Jeff Sutherland
　　　　J. J. 薩瑟蘭 J.J. Sutherland
譯者 —— 江裕真

總編輯 —— 吳佩穎
第一版責任編輯 —— 蘇淑君（特約）、周宜芳
第二版責任編輯 —— 邱慧菁
封面設計 —— 江儀玲
版面構成 —— FE 設計 葉馥儀

出版者 —— 遠見天下文化出版股份有限公司
創辦人 —— 高希均、王力行
遠見‧天下文化 事業群榮譽董事長 —— 高希均
遠見‧天下文化 事業群董事長 —— 王力行
天下文化社長 —— 王力行
天下文化總經理 —— 鄧瑋羚
國際事務開發部兼版權中心總監 —— 潘欣
法律顧問 —— 理律法律事務所陳長文律師
著作權顧問 —— 魏啟翔律師
社址 —— 臺北市 104 松江路 93 巷 1 號
讀者服務專線 ——（02）2662-0012 | 傳真 ——（02）2662-0007；2662-0009
電子信箱 —— cwpc@cwgv.com.tw
直接郵撥帳號 —— 1326703-6 號　遠見天下文化出版股份有限公司

電腦排版 —— 立全電腦印前排版有限公司
製版廠 —— 東豪印刷事業有限公司
印刷廠 —— 祥峰印刷事業有限公司
裝訂廠 —— 中原造像股份有限公司
登記證 —— 局版台業字第 2517 號
總經銷 —— 大和書報圖書股份有限公司 | 電話／(02)8990-2588
出版日期 —— 2015 年 4 月 29 日第一版第 1 次印行
　　　　　　2024 年 7 月 18 日第二版第 11 次印行

國家圖書館出版品預行編目(CIP)資料

SCRUM：用一半的時間做兩倍的事／傑夫‧薩瑟蘭
（Jeff Sutherland）& J. J. 薩瑟蘭（J. J. Sutherland）
著；江裕真譯 -- 第二版. -- 臺北市：遠見天下文
化，2018.04
336面; 14.8x21公分. --（財經企管；BCB545A）
譯自：SCRUM:The Art of Doing Twice the Work in Half
the Time
ISBN 978-986-479-419-5（平裝）

1.專案管理 2.軟體研發 3.電腦程式設計

494　　　　　　　　　　　　　　107005681

定價 —— 450 元
ISBN：978-986-479-419-5
書號 —— BCB545A
天下文化官網 —— bookzone.cwgv.com.tw

天下文化
BELIEVE IN READING